人類の祖先に会いに行く

Come eravamo
Storie dalla grande storia dell'uomo
Guido Barbujani

15人のヒトが伝える進化の物語

グイド・バルブイアーニ
栗原俊秀 訳

河出書房新社

第1章

アウストラロピテクス・アファレンシス

ルーシー　330万年前

Kennis&Kennis

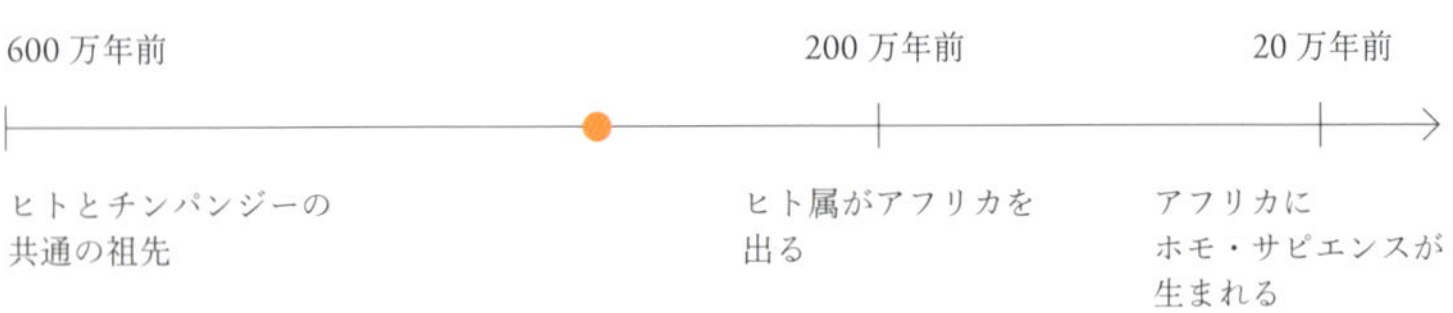

1974年、エチオピアのハダルにて、ドナルド・ジョハンソン、メアリ・リーキー、イヴ・コパンによって発見される

発見された断片：骨格の40%

第2章

ホモ・エルガステル

トゥルカナ・ボーイ　160万年前

Kennis&Kennis

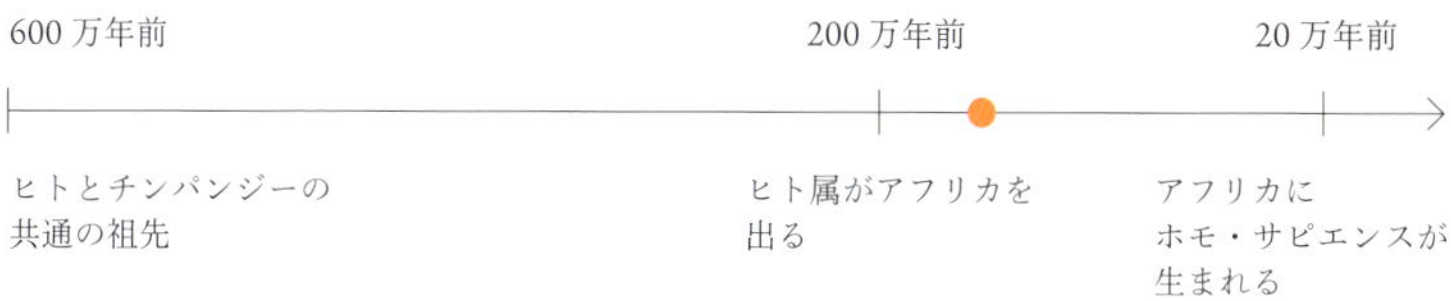

「ナリオコトメ・ボーイ」としても知られる。1984年、ケニヤのトゥルカナ湖そば、ナリオコトメ川の河畔にて、カモヤ・キメウによって発見される

108個の骨が見つかっている

第3章

ホモ・ゲオルギクス

ドマニシ2号　180万年前

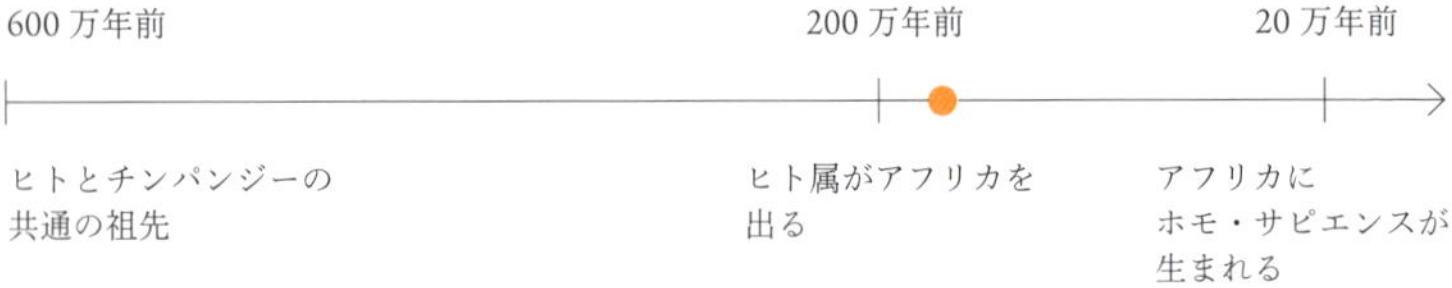

1991年から2005年にかけて、
ジョージアのドマニシにて、
アベサロム・ヴェクアとダヴィッド・
ロードキパニッゼによって発見された
5つの化石のうちのひとつ

長きにわたってホモ・エレクトゥスに
分類されていたが、おそらくは、
ホモ・ゲオルギクスという独立した
種の代表例と思われる

第4章

ホモ・エレクトゥス

トリニール　50万年前

Kennis&Kennis

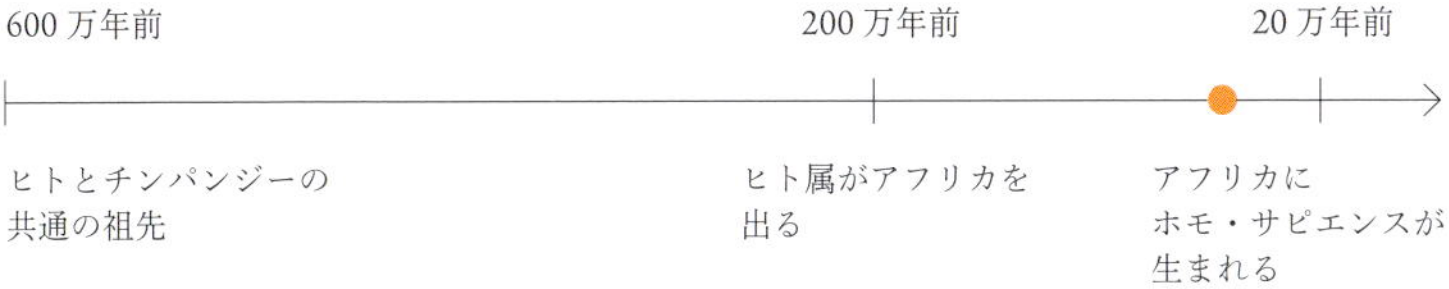

1891年、インドネシアのジャワ島、ソロ川の河畔にて、ユージェーヌ・デュボワによって発見される

頭蓋冠、1本の大腿骨、1本の歯が見つかっている

第５章

ホモ・ハイデルベルゲンシス

シュタインハイム　35万年前

© photo Sylvain Entressangle, reconstruction Élisabeth Daynès / LookatSciences

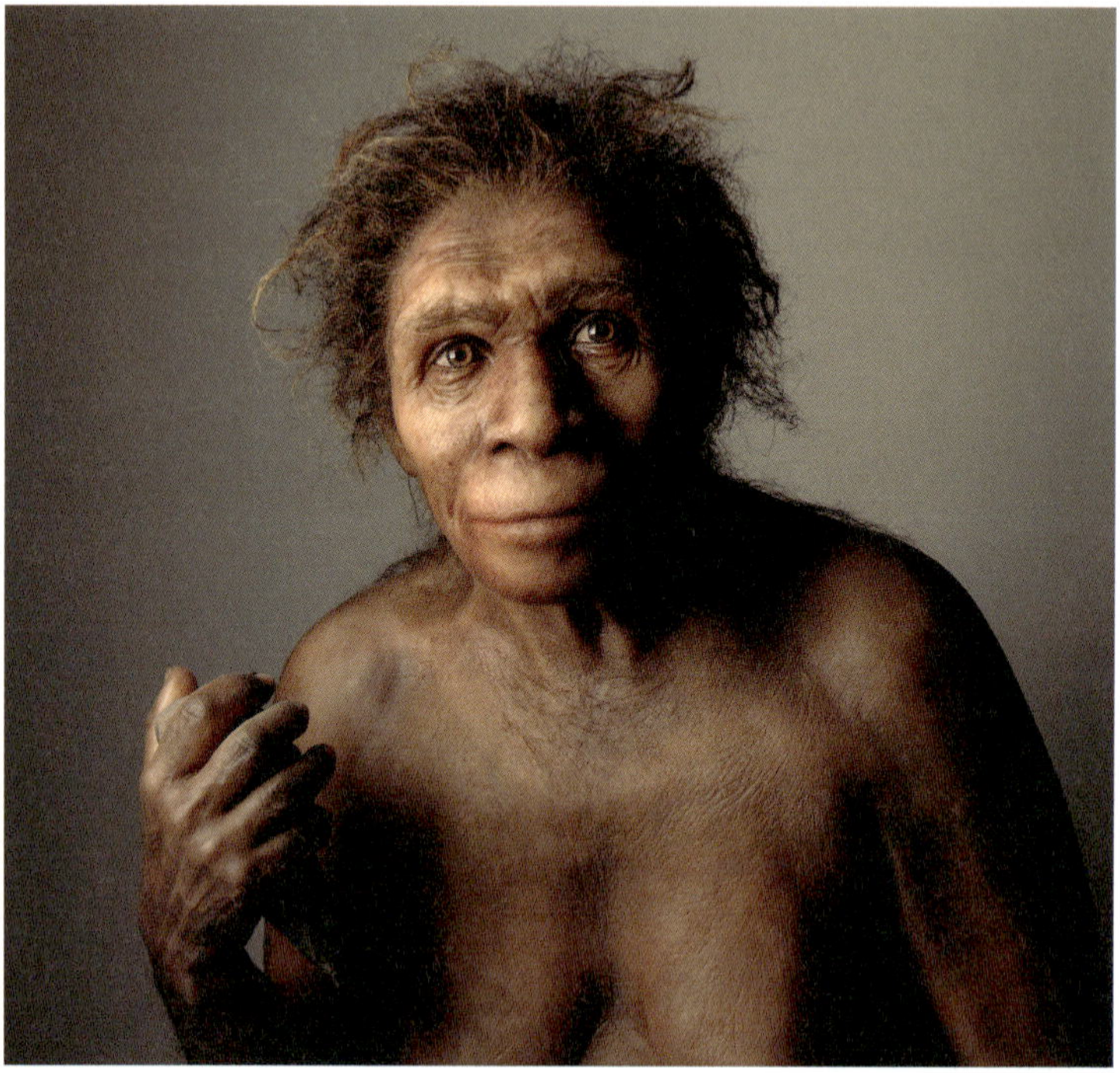

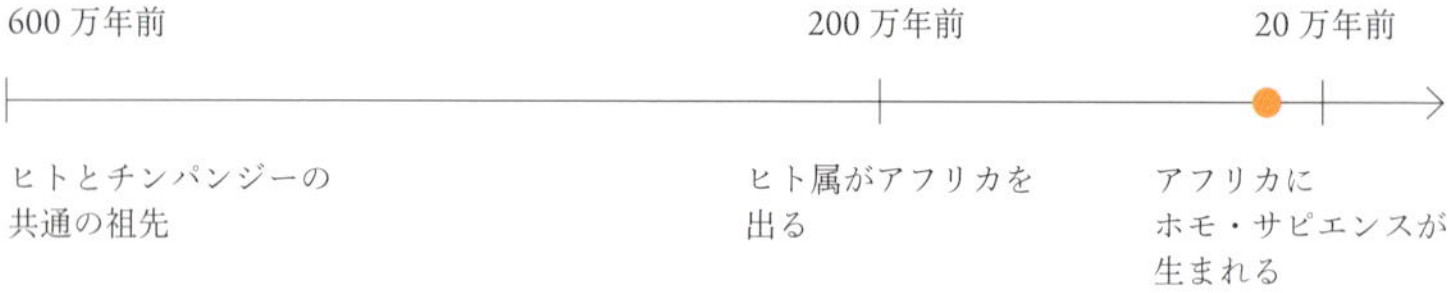

1933年、ドイツのシュトゥットガルト近郊、シュタインハイム・アン・デア・ムルにて、フリッツ・ベルケーマーとマックス・ボックによって発見される

見つかっているのは頭蓋骨のみ

第6章

ホモ・ネアンデルターレンシス

フェルトホーファー1号　4万年前

Archivio dpa/Ipa

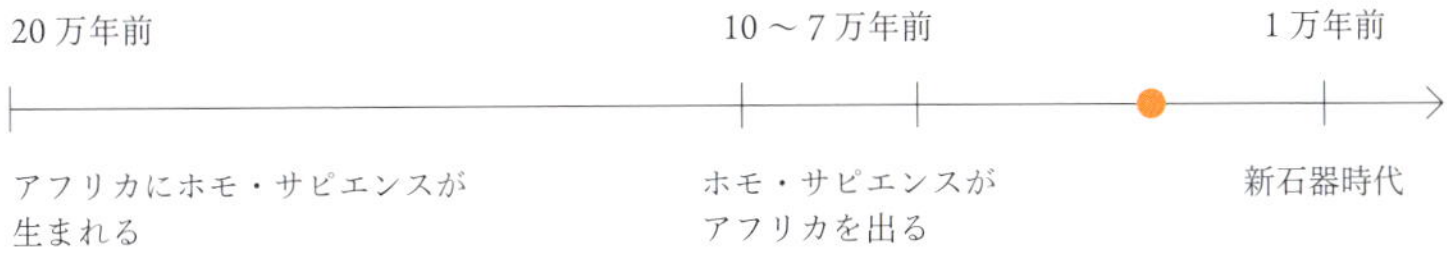

1856年、ドイツのネアンデル谷、
フェルトホーファー洞窟にて、
坑夫によって発見される

頭蓋冠、2本の大腿骨、
5本の腕の骨、腸骨、肋骨と
肩甲骨の破片が見つかっている

第7章

ホモ・ネアンデルターレンシス

アルタムーラ　15万年前

Kennis&Kennis

20万年前　10〜7万年前　1万年前

アフリカにホモ・サピエンスが生まれる

ホモ・サピエンスがアフリカを出る

新石器時代

1993年、南伊プーリア州のアルタムーラ、ラマルンガ洞窟にて、ロレンツォ・ディ・リーゾ、マルコ・ミリッロ、ヴァルター・スカラムッツィによって発見される

全身骨格と推定されているが、鍾乳石と石筍に包まれている

第8章

ホモ・サピエンス

ミトコンドリア・イヴ　20万年前

20万年前　10〜7万年前　1万年前

アフリカにホモ・サピエンスが生まれる

ホモ・サピエンスがアフリカを出る

新石器時代

1987年、レベッカ・キャン、マーク・ストーンキング、アラン・ウィルソンの手になる遺伝的な解析によって、その存在が示される

彼女が生きたのがアフリカであったとする見解は、現在利用できるすべての化石、遺伝子、考古学のデータと符合している

第9章

ホモ・サピエンス

ワセ2号　3万7000年前

Kennis&Kennis

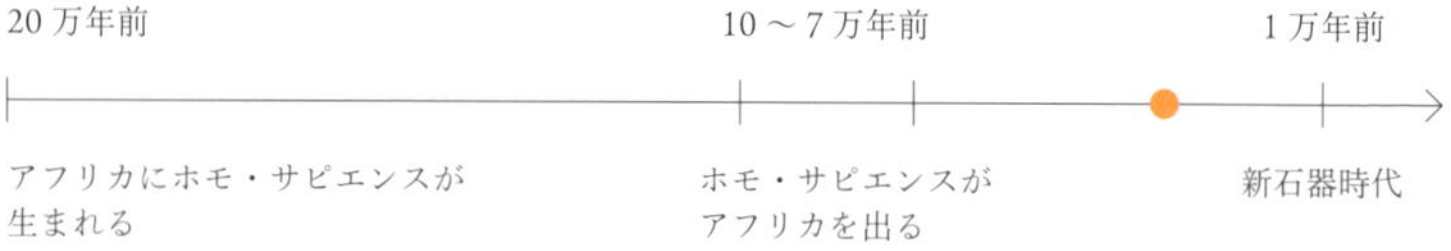

2002年、ルーマニアのカルパチア山脈、アニーナのそばで、シュテファン・ミロタ、アドリアン・ブルグル、ラウレンツィウ・サルチナによって発見される

ワセ1号は下あごが、ワセ2号は頭蓋骨の顔面部分が見つかっている

第10章

ホモ・フロレシエンシス

フロ　6万年前

Kennis&Kennis

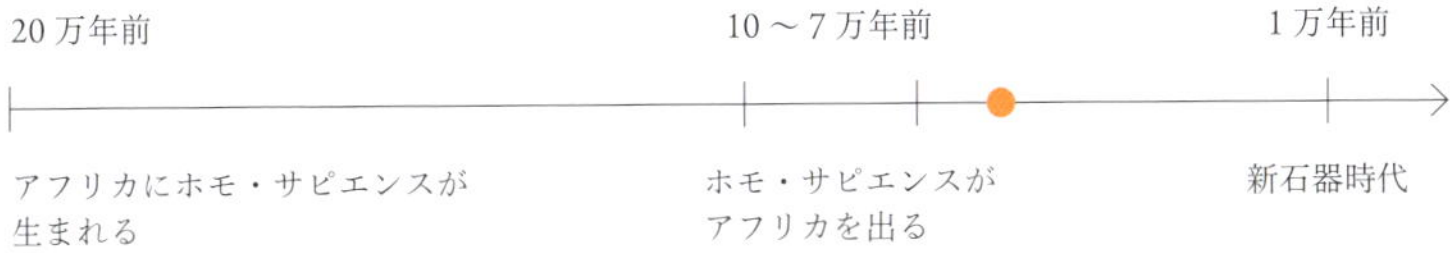

2003年、インドネシアの
フローレス島、リアンブア洞窟にて、
オーストラリア - インドネシアの
調査団によって発見される

フロは、胸郭を欠いているほかは、
ほぼ完全な骨格が見つかっている

リアンブア洞窟からは、総計で
14個体の化石が発見されている

第 11 章

ホモ・サピエンス

アブリ・ドゥ・カプ・ブラン　1 万 5000 年前

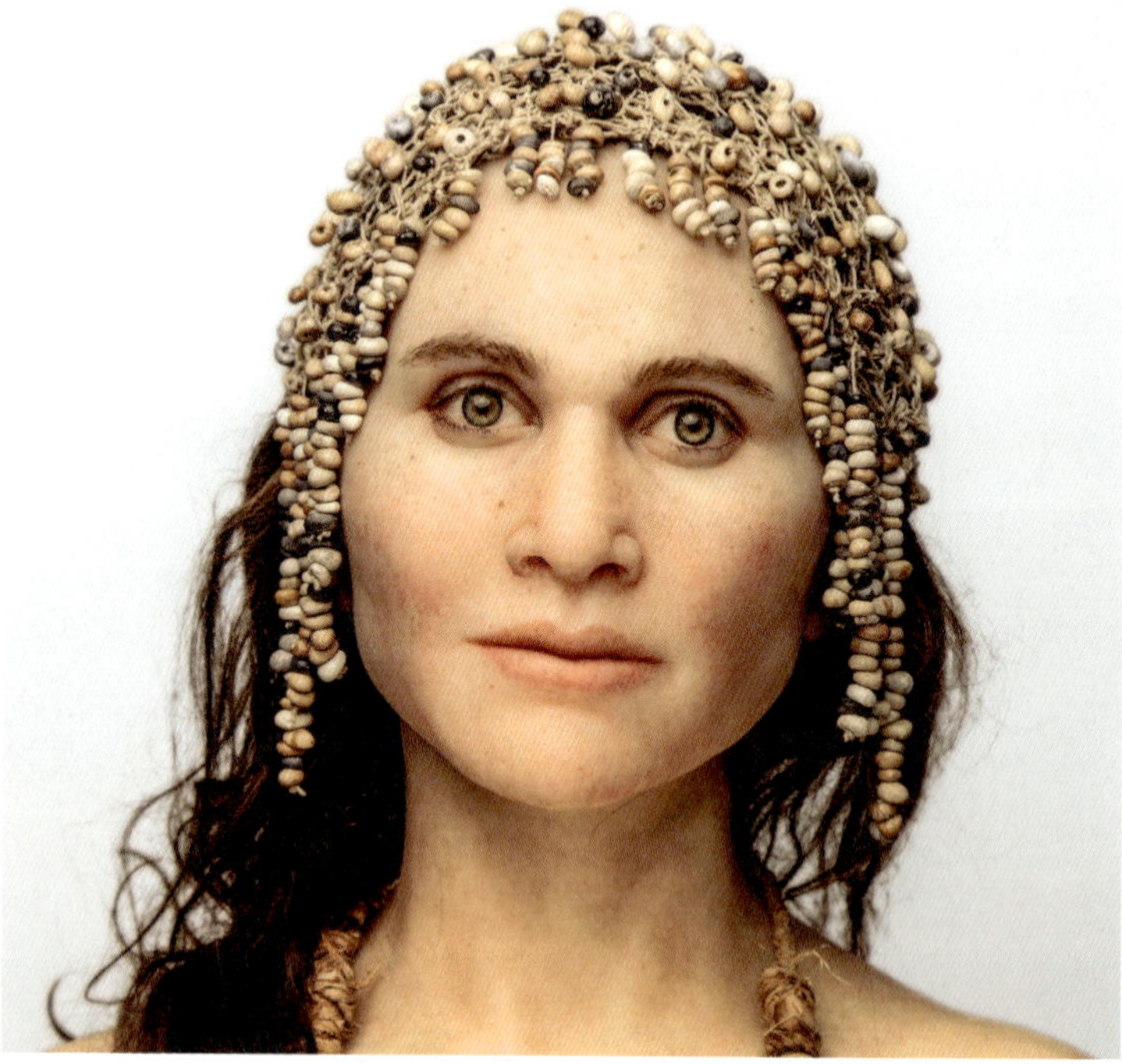

20 万年前　　10 ～ 7 万年前　　1 万年前

アフリカにホモ・サピエンスが生まれる

ホモ・サピエンスがアフリカを出る

新石器時代

1911 年、フランスのドルドーニュ県、レゼジー・ド・タヤック・シルイユにて発見される

ほぼ完全な骨格が見つかっている

第12章

ホモ・サピエンス

ルチア　1万1500年前

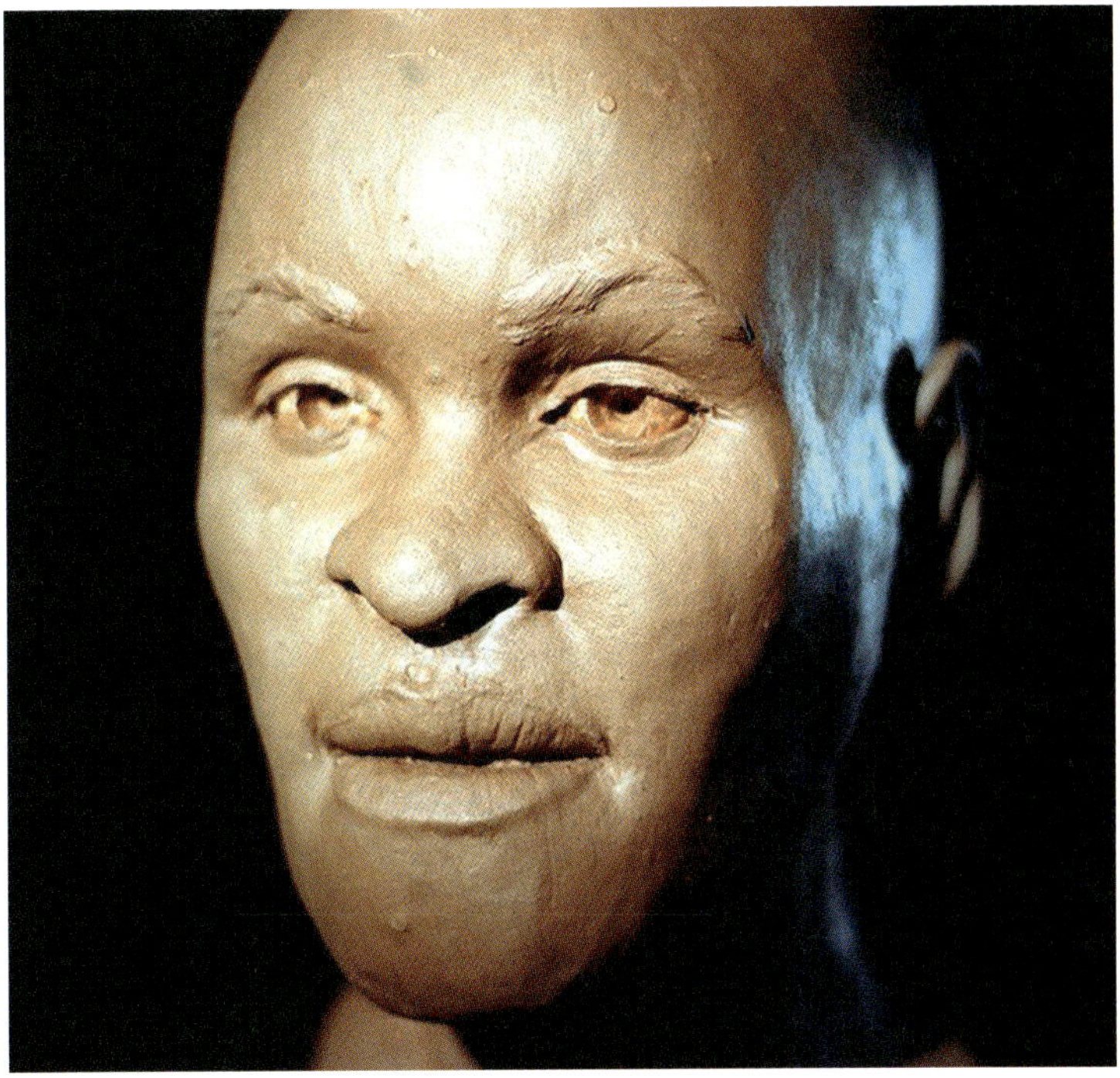

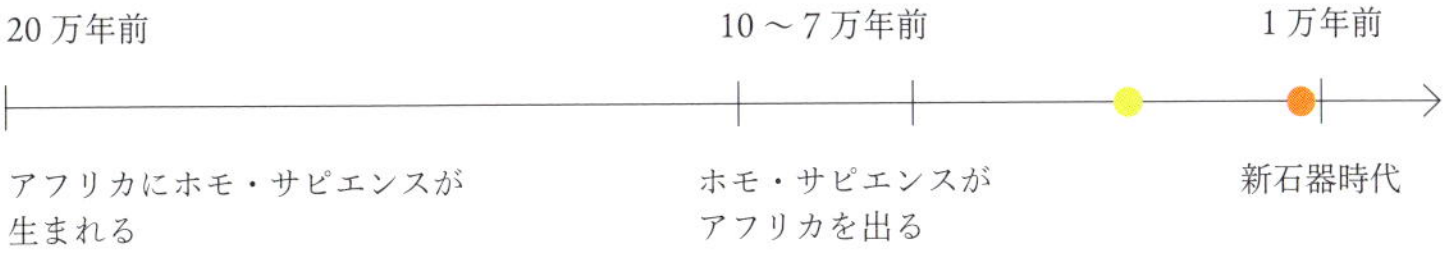

1974年、ブラジルの
ベロオリゾンテそばで、
アネット・ラマン・アンプレールに
よって発見される

頭蓋骨、骨盤、腕と足の骨の
一部が見つかっている

第 13 章

ホモ・サピエンス

チェダーマン　1 万年前

Kennis&Kennis

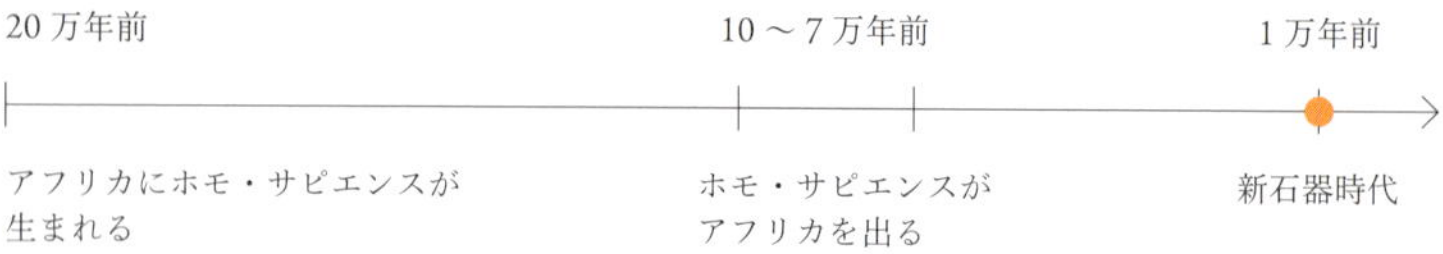

1903 年、イギリスのチェダー渓谷そば、
ゴフ洞窟にて発見される

ほぼ完全な骨格が見つかっている

第14章

ホモ・サピエンス

エッツィ　5200年前

Museo Archeologico dell'Alto Adige – www.iceman.it

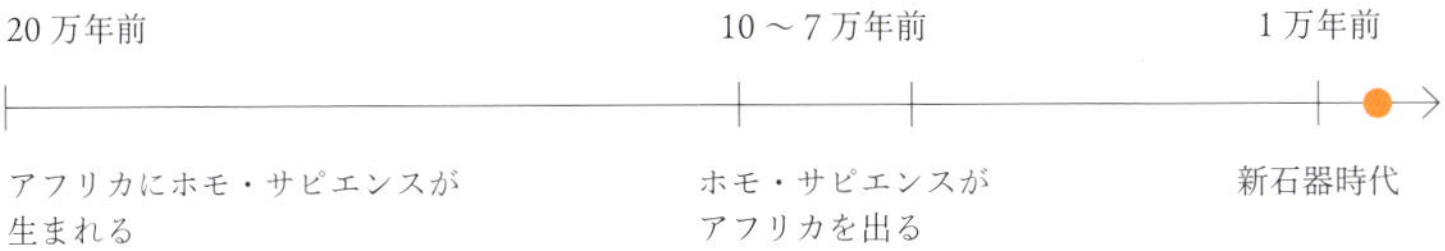

1991年、オーストリアとイタリアの
国境地帯にあるジョゴ・ディ・ティサで、
エリカ・ジーモンとヘルムート・
ジーモンの夫妻によって発見される

保存状態のきわめて良好な
「ウェットミイラ（湿ったミイラ）」
として発見された

第15章

ホモ・サピエンス

チャールズ・ダーウィン　200年前

© photo Sylvain Entressangle, reconstruction Élisabeth Daynès / LookatSciences

20万年前　アフリカにホモ・サピエンスが生まれる

10～7万年前　ホモ・サピエンスがアフリカを出る

1万年前　新石器時代

1809年2月12日、シュルーズベリーにて生まれる。1882年4月19日、ケント州ダウンにて没する

ロンドンのウェストミンスター寺院に埋葬されている

人類の祖先に会いに行く　目次

人類の祖先に会いに行く——15人のヒトが伝える進化の物語

ルカ・バズーカに捧ぐ

［……］なぜなら私は彼のようであり、そしてまた
私の母、私の父、私の祖父パコ、
私の曽祖母カロリーナのようであり、まったく同じようにして、
私は私の現在に合流するすべての祖先であり、
その祖先は群衆や、無数の死者からなる軍隊や、
亡霊の群れのようであり、それらはあたかも
私の血統に流れこむすべての血統、
過去をめぐる私たちの無知の
計り知れない深みに由来する血統のようだから。

――ハビエル・セルカス、『影の君主』

本文中の**太字ゴシック体**の語句は巻末の「用語集」で定義されています。

導入と祈願

もし祖先に出会ったら

「バルブリオを歌え、女神《ムーサ》よ」。さて、ホメロス風に始めてみたはいいが（『イーリアス』冒頭を読まれたし）、ほとんどの読者は「バルブリオ」などという名前は、見たことも聞いたこともないと思う。それは、北イタリアのヴェネト州ロヴィゴ県にある自治体、レンディナーラの分離集落《フラツィオーネ》である。ヴェネト方言にかんする多少の素養があれば、「バルブリオ（Barbuglio）」のなかの「gl」という綴《つづ》りが、いかにも不自然であることに気がつくだろう。私としては、バルブリオの住人が、この土地をほんとうにそんなふうに呼んできた（発音してきた）とは思っていない。かつても、いまも、これからも、地元の人間は「バルブイオ（Barbujo）」と言いつづけるに違いない。ヴェネト方言の一種であるポレジネ〔訳注：ロヴィゴ県の土地で、ここで話題になっているバルブリオを含む一帯〕の言葉では、「バルブイオ」はトウモロコシの穂の先端の房のようになっている部分を指す。私（この本の著者）の姓はバルブイアーニ、その意味するところは、「バルブリオ（バルブイオ）の人」である。

だが、この姓の来歴をたどろうとするなり、話はややこしくなってくる。一九八六年に没したおじレンツォは、地元住人の生誕、洗礼、婚姻、埋葬などが記録された、教区名簿の調査に取り組んでいた。そして、一六世紀にバルブリオの誰かがアドリア〔訳注：バルブリオと同じロヴィゴ県の町〕に移住し、その人物が「バルブイアーニ」と呼ばれるようになったことを突きとめた。私の記憶が正しければ、おじレンツォが特定した最初の「バルブイアーニ」は、教会の鐘撞《つ》き番だった（あいにく、五〇〇年後の世を生きる子孫たちは、教会とは縁遠い生活を送っているのだが）。現代の標準イタリア語では、アルファベットの「j」は特殊な場合を除いて使われないが、バルブイアーニ（Barbujani）という姓には「j」の字がある。これは、かつての綴り字の名残である。実際、バルブイアーニの一族が徐々によその土地（モンツァ、ローマ、ビエッラ、チューリッヒなどなど……）へ居を移すと、大きな眼鏡をかけた戸籍係の役人たちが、「j」を「i」にせっせと書き換えていった。その結果、いまでは「バルブイアーニ」の綴りは二種類ある。つまり、アドリアとその周辺では「j」のバルブイアーニ（Barbujani）が、移住先の土地では「i」のバルブイアーニ（Barbuiani）が大半を占めるというわけである。

だが、この姓の来歴にかんしては、やはりおじレンツォの研究に関係する、もうひとつのストーリーがある。私は以前、自分と同じ姓をもつふたりの知人、エンツォ・バルブイアーニとジョルジョ・バルブイアーニから、家系図の版画をプレゼントしてもらったことがある。この家系図から推察するに、彼らと私は同じ曽祖父（アントニオ・バルブイアーニ）の血を引いているらしかった（ただし曽祖母はたがいに異なる）。裏づけのない噂《うわさ》によると、おじレンツォは最終的には、バルブリオという地名は「ひげもじゃの人《バルブーティ》」に由来するという結論に達したらしい。私たちの祖先は腕の良い大工であり、南フランスから北伊ロンバルディアへ、そこからさらにポレジネへ流れついたという。なるほど、言われてみれば私の父は土木技師だった。ただ、私はこの説については聞いた覚えがなかった。もし、おじレンツォが文章でこの説について書き残していたとしても、その文書の在《あ》りかはエンツォにも、ジョルジョにも、私にもわからなかった。

つまり、原因と結果の転倒であり、地名（バルブリオ）から姓（バルブイアーニ）が派生したのではなく、その逆だったということである。示唆に富むエピソードとはいえ、この説を証明したり、さらに掘り下げたりすることはできそうにない。

想像力を飛翔させるのではなく、あくまで事実に立脚して話を進めよう。私たち（バルブイアーニ一族）の祖先は、過去のどこかの時点でバルブリオにやってきて、そしてまた別の土地に向けて出発した。私個人は、五歳のときにアドリアからフェッラーラへ引っ越した。ポー川をはさんで反対側（南側）に移ったわけだが、距離はそう離れていない。言ってみれば、バルブイアーニの一部の子孫は、ルーツとなる土地（バルブリオ）から四六キロ離れたフェッラーラにやってくるまで、四世紀を費やしたことになる。平均すれば、一年につき一〇〇メートル南下していった計算である。一六世紀なかばから現在までは、おおよそ二〇世代の交代があったと考えられる。もし、バルブリオからフェッラーラまでの四六キロの直線に二〇人の祖先を配置するなら、二三〇〇メートルにつきひとりになる。

私はこんなことを夢想する。二三〇〇メートルごとのポイントに立つ祖先のもとへ歩いていって、軽くお喋《しゃべ》りを交わすことができたら、さぞかし楽しいのではなかろうか……。父フェルナンドが立っているのは、市街地が途切れてガソリンスタンドが立ちならぶあたり、祖父のジーノはバルコ地区のあたりだろう。

だが、ポー川の橋を渡った先で曽祖父のマッテオと出会ったとして、私は彼の顔がわかるだろうか？　わかったとして、私たちに共通の話題などあるだろうか？　これが貴族の家系であれば、話はもうすこし単純になる。貴族の家には、祖先の肖像画が受け継がれていることが多いし、どこぞの戦場で命を落としたなんとか侯爵の武勇が語り継がれていることもめずらしくないだろう。貴族の名前はときに、その個人の特徴を表しており、名前を聞いただけでなんとなく、親しみの感覚を覚えることもある。だが、貴族ではない人びと（要するに、この世の大部分の人びと）にとっては、過去を認識できるのはせいぜい二世代前までである。たいていの人がそうだろうが、私はこの先もずっと、自分の曽祖父母全員の名前を知ることはないと思う。

それでも、私がいまここにいるのは、その人たち（曽祖父母全員）のおかげである。私の目とか、鼻とか、言葉を探しているときに鼻をかく仕種《しぐさ》とかは、祖先の誰かに由来している。道ばたで出会ったとして、私たちはおたがいのことがわかるだろうか？　あそこにいるのが自分の先祖であろうとなかろうと、いまの自分にはほとんど関係がないと思うようになるのは、何世代くらいまでさかのぼったあたりだろうか？

白状するなら、ここまでの議論にはひどい単純化がほどこされている。貴族の慣習に影響されて、私たちは家系というものを、現在と過去を結びつける「直線」として捉えがちである。そこでは、数行前で私がしたように、「父と息子」を結ぶ線だけに焦点が当てられる。だが、それは現実を反映していない。家系は枝分かれし、増殖する。ふたりの両親、四人の祖父母、八人の曽祖父母、そして、それぞれの曽祖父母にとっての八人の曽祖父母……二〇世代をさかのぼれば、私たちの祖先の数は二の二〇乗（あるいは、それよりいくぶんすくない数字）、すなわち、およそ一〇〇万人（！）にもなる。現代のイタリアで言えば、これはトリノの人口に匹敵する。

したがって、私が先に言及した、バルブリオからアドリアへ移住した鐘撞き番（最初のバルブイアーニ）はじつのところ、たくさんの、ものすごくたくさんの祖先のうちのひとりに過ぎない。彼か、あるいは彼の息子がアドリアの娘と結婚し、その子どもがまたアドリアの誰かと子を儲《もう》けた。世代を経るにつれて、彼の血（これは古い言い方）、彼のＤＮＡ（こちらが最近の言い方）の影響は薄まっに、私たちのあいだに共通点などあるだろうか？

ていく。私のＤＮＡのうち、鐘撞き番から受け継いだ部分は全体の一〇〇万分の一である。姓のほかに、私たちのあいだに共通点などあるだろうか？

厳密に遺伝学的な観点から判断するなら、共通点はごくわずかである。だが、見方を変えれば、多くの共通点があるとも言える。ふたりともバルブイアーニであり、バルブリオにルーツがあり、ポレジネ人であり、ヴェネト人であり、イタリア語話者であり、イタリア人であり、ヨーロッパ人であり、人間である（ただし、ここで言う「イタリア人」とは、「イタリア国籍を有する」という意味ではない。一六世紀にはまだ、イタリアという国家は存在しなかったのだから）。私たちは同じ言語、というか、言語学的に見て近い関係にある、たがいに意思疎通が可能な言語を共有している。ふたりとも、水と葦《あし》には事欠かない、低地の景色に囲まれて暮らしている。より大きな共同体への帰属意識も、たがいの共通点としてあげられるだろう。遠い未来の子孫について、このご先祖さまが思いを馳《は》せたかどうかは定かではない。だが、よくよく考えてみれば、言語学的な手段とおたがいにたいする好奇心さえ共有しているなら、歴史的な資料に裏づけされた最初のバルブイアーニであろうと、別の時代、別の土地の誰かであろうと、お喋りの相手としてはたいして変わらないのではないだろうか？　彼から由来しているＤＮＡが多いとか少ないとか、はたしてそんなことが重要だろうか？

このようなことをつらつら考えていたとき、新聞の紙面に、皇帝ネロの顔を再現した肖像を見かけた。私には、ネロは感じの良い人物に見えた。そのほほ笑みはかならずしも、「暴君」という呼称に似合いの邪悪な笑みというわけではなく、たんなる笑顔に過ぎないように感じられた。皇帝ネロは見る者に向けて、こう語りかけているようだった。「よく見なさい、私の顔はけっして、一部の画家が描くような悪人づらではないから。大切なのは、顔と顔を突き合わせて話すことさ、そうだろう？」

顔と顔を突き合わせること

この本はある意味で、顔と顔を突き合わせることの大切さについて語っている。本書は文字どおりの「家族アルバム」であり、本書の冒頭には、私たちより先にこの惑星で生きた人びとの肖像が掲載されている。そこには、世代を超えて私たちまでたどりついたメッセージ、「かつての私たちは、死者とのようであったか〔訳注：イタリア語原題〕」について語る言葉が刻まれている。今日の私たちはどの生者とを問わず、多くの人びとのＤＮＡを徹底的に解読し、その違いを判別する能力を有している。この技術をもってすれば、太古の化石から、人類の移住や、交流や、人類を今日の私たちの姿へ導いた環境適応のプロセスについて、さまざまな情報を引きだしてくることができる。

だが、顔と顔を突き合わせることには、それ以上の意味があると私は思う。この本は、新型コロナウイルスのパンデミックによって社会が奈落に沈んだ時期、二〇二〇年の終わりごろに具体的な形を帯びはじめた。かりそめの平穏に包まれていた夏、多くの人びとが、最悪の時期はもう過ぎたのだと考えていたあの夏が終わると、ウイルスの感染はふたたび拡大していった。いわゆる「第二波」というやつである。イタリアでは、二〇二〇年一〇月八日から、マスクの着用が義務化された。一〇月一三日からは、飲食店、映画館、劇場の営業が縮小され、月末には営業停止を余儀なくされた。重大な用事がないかぎりは、外出もできなくなった。第一波のあいだに蓄積された、いまだ解消されていない疲弊に、また何か月もつらい時間を過ごすのだという暗い展望が加わった。この時期、私の大切な友人であり、マントヴァ県の病院で新型コロナウイルス病棟の責任者を務めていたラッファエーレ・ギラルディが、よく私に電話をかけてきた。誰かと話す必要があったのだ。私は彼の言葉に耳を傾けた。彼はとうとう、ただひとこと、もう無理だと思うと私に言った。

最終的には、ラッファエーレは（そしてそのほかたくさんの人たちも）耐え抜いた。息を切らしながら仕事に没頭し、もっとも厳しい時期を切り抜けた。だが、耐えきれなかった人もいる。二〇二〇年六月一五日、私にとって大切な存在だったジュリオ・ジョレッロが、新型コロナウイルスが原因で亡くなった。私たちは、いわゆる友人同士ではなかった。たがいを知っている度合いよりも、たがいを信頼している度合いの方が高い関係性とでも言えばいいのか。ともあれ、私たちはたくさんの関心を共有し、科学について語り合うのを楽しむ間柄だった。

イタリア人は何週間ものあいだ、感染者数と死者数を伝える午後五時の広報を待ちかまえた。毎回、飛行機事故に匹敵するような犠牲者数が伝えられた。パンデミックで亡くなったのは「人」ではなかった。ジュリオ・ジョレッロや、そのほかたくさんの人たちではなかった。犠牲者は「数」に、抽象的な存在に変わってしまった。あの時期、誰もが同じように感じていたのではないかと私は思う。死者はただちに過去の存在となり、数えることはできるけれど、対面することはできなくなった。しばらくすると、一部の犠牲者の写真や物語が、新聞に掲載されるようになった。そうして、ほんのすこしだけ、この出来事の恐るべきスケールを感じとることができた。ジュリオ・ジョレッロ、リディア・メナパーチェ〔訳注：イタリアの作家、政治家〕、映画監督のキム・ギドク、私と同じ遺伝学者であるルチャーノ・テッレナートとミケーレ・スタンカ（彼はごく早い時期に逝ってしまった）、毎日すれ違っているのにけっして私にあいさつしてこなかった、通りの角の理髪師とその妻。誰もかも、私にとっては親しみのある相手だが、途方もないパンデミックがこの人たちを統計のなかに押しこんで、非‐物質的な数字に変えてしまった。

この人たちについて考えるには、それなりの努力をしなければならない。記憶を頼りに顔つきを思い起こして、頭のなかで向き合うのだ。そして私は考えた。なんらかの方法を使って、私たちの祖先と対面することは、私たち自身を見つめる方法にもなるのではないか。そこにはかつての日の私たちや、今日の私たちが映りこんでいるのではないか。ひとりひとりの祖先は、系図の鎖を構成する環《わ》のひとつである。それは時間の奥底から出発して、未来に向けて伸びていく。この地球を、人が住めない惑星に変えてしまうほど私たちが愚かでなければ、まだ当分のあいだ、この鎖が途切れることはないだろう。

突飛なアイディアであることは承知しているが、根拠もなにもなしに思いついたことではない。たしかに、ひとりひとりの名前は、時間の流れのなかで失われたかもしれないが、私たちの先祖について知る手がかりならある。化石になった骨と、そこから抽出されるＤＮＡは、私たちにたくさんの物語を伝えてくれる。さらに、いまではこれら祖先の姿を、すばらしい３Ｄ画像で再現することに注力するアーティストがいる。法医学の技術をもとにしながら、アーティストはみずからの想像力と、研究者の知識を統合する。本書ではおもに、アドリーとアルフォンスのケニス兄弟と、エリザベート・デイネの作品を引用している。

これらの肖像を見つめることは、橋を渡ること、おぼろげではあるが貴重な接触を試みることに似ている。私たちの家系のどこか、数千年前か、数百万年前の家系に属す人たちと、顔と顔を突き合わせて、対話を試みるのである。遠い過去の祖先と対面したいという願いは、アーティストのたくみな手腕だけでは実現されない。太古の化石を発掘し、愛情を込めて再構成した古生物学者や、そのＤＮＡの解読に成功した遺伝学者も、私たちの好奇心を満たすのに大きく貢献している。私たちの瞳に映ることで、これらの肖像は人類としての相貌を取り戻す。より具体的で、見る者にさらなる関心、なんらかの感情を引き起こす存在になるのである。ことによったら、この人たちの声を想像しようという考えが頭に浮かぶかもしれない。いつの日か、みずからがたどった数奇な運命について、この人たち自身に解説してもらうことができたなら……。

第1章

二本の足で

アウストラロピテクス・アファレンシス

ルーシー　330万年前

地球規模の名声

ルーシー。この名前を聞いたことがある読者も多いのではないか。すべての**アウストラロピテクス**のなかで、いまなお人びとの話題にのぼり、いまなお語るべきことが残っている唯一の存在である。

もっとも、生きていたころは、まわりの仲間たちと変わらなかった。ルーシーが名声を博したのは、本書に登場するほかのすべての主人公――ただし最終章の主人公だけは除く――と同様に、その死にざまに原因がある。重要なのは、どこで、どんなふうに死んだかということなのだ。ルーシーの場合もやはり、その死をもって、後世における名声獲得への旅路が始まった。ルーシーが死んだのは、当人からしてみれば、不運と形容するほかないアクシデントのせいだった。

そのときの状況を想像してみよう。それは、骨の折れる一日が終わるころだ。気分はけっして悪くない。さいわい今夜は、胃はすっかり満たされている。ルーシーはあくびする。ひょっとしたら、半開きの目で、最後に周囲の状況を確認したかもしれない。仲間たちは落ち着いた様子で、眠りにつく準備をしている。アカシアの木の幹を夕陽《ゆうひ》が赤く照らすなか、近くにいる仲間の誰かが、早くも高いびきをかいている。良い一日だった。でも、なにかが背中に当たっている。異物を取り除《の》けようとして寝返りを打つ。その瞬間、足が木から滑り落ち、世界が逆さまになり、腕がなにかをつかもうとして九〇度回転し、おそらくは自分が響かせたのだろう衝突音を耳にする。こうして、瞬く間に、生涯最後の向こう見ずな飛翔が幕を閉じる。

地面に叩《たた》きつけられる瞬間のルーシーに、後世のことを考える余裕はなかっただろう。ひるがえって、後世の人間たちは、たっぷりの時間をかけてルーシーについて考えてきた。ルーシーはスターである、なぜなら、アウストラロピテクス・アファレンシスという**種**に属す彼女やその仲間たちは、私たちと同じように二本の足で歩いていたことが確実視されている最初の人類だから。

「唯一の」かどうかはわからない。それに、数百万年の試行錯誤を経たあとであるにしても、上手に歩いていたかどうかは定かではない。読んだり書いたりして時間をつぶすという選択肢がない以上、夜になれば、直立の姿勢でたっぷりのあいさつを交わしたあと、めいめいが木の上によじ登っていったのだろう。高いところにいた方が、安心して夜を過ごすことができる。

当時の状況を再現しようとする信頼の置ける研究によれば、ルーシーはまさしく樹上から落下して死んだと考えられている。仲間たちはルーシーをその場に放置しておいた。死者を埋葬するという発想は、当時の人類にはまだ広まっていなかった。ひとつ、またひとつとルーシーの上に地層が重なり、一部は地滑りして、また別の地層が覆いかぶさる。やがて、ふたりの古生物学者がその場を通りかかり、ひとりがそれを目にする。数百万年の時を経て、二度目の叫び声が響くが、それはルーシーの悲鳴とは似ても似つかない叫びだった。歓喜の叫びがあたりにとどろき、ルーシーはただちに地球規模の名声を獲得した。

写真（本書口絵）のなかのルーシーは、かすかに笑っているように見える。なにか企んでいるような表情とも言えるかもしれない。前方に突き出たごわごわしたもみあげのせいで、なかなか親近感は抱きづらい。ほほを覆う黒いひげだけを見れば、リソルジメント期〔訳注：一八世紀末から一九世紀後半までの、イタリアが国家として統一に向かう時代〕のイタリア人と見まがうようだが、つぶれた鼻と皮膚の色はまるで別物だ。唯一、唇のまわりだけは、やや明るい色合いをしている（ルーシーはその唇を、なにか考えごとでもするかのように、軽く噛《か》んでいる）。次に額を見てみよう。この肖像のルーシーは、どことなくあだっぽい。あごを軽くもちあげて目立たないようにする一方で、額はうしろにそらし、顔の面との角度を強調している……まあ、こんなふうに眺めてみると、ルーシーは私たちにすこし近く、すこし遠い存在であると言うほかない。それも当然のことだろう。三〇〇万年という時間には、それなりの重みがある。

三六〇万年前の足跡

先を急がず、すこし回り道をすることにしよう。私たちの遠い祖先の外貌《がいぼう》や生活スタイルについてなにかを言いたいのであれば、頼りになる情報源は三つある。ひとつめは化石で、数百万年前まで過去をさかのぼることができる。ふたつめは考古学的な遺物で、こちらは二〇〇万年前、すなわち石器時代以降について教えてくれる。最後はＤＮＡで、カバーする範囲は直近の一〇万年にかぎられる。それよりも古くなると、劣化の度合いが激しくて調査が不可能になるからだ。だが、私たちの歴史にとっての、アウストラロピテクス・アファレンシスのずば抜けた重要性は、これら三つのどのカテゴリーにも属さない発見に由来している。その発見とはつまり、三〇〇万年以上前に残された、一連の痕跡である。

その痕跡は、メアリ・リーキー率いる古生物学者のチームによって、タンザニアのラエトリ、サディマン火山のそばで発見された。現在では噴火の徴候は見られないが、サディマンは長きにわたって火山活動を継続し、火山としての本分を果たしてきた。幾度となく溶岩と火山灰を噴きあげ、まわりの土地にまきちらしたのだ。まるで作り話のようではあるが、複数の証言が伝えているところによると、メアリ・リーキーのチームのひとりであるアンドリュー・ヒルは、仲間たちからゾウの糞《ふん》を投げつけられる標的にされていた。おそらく、界隈《かいわい》には気晴らしの手段がほとんどなく、ありあわせの道具で時間をやり過ごすしかなかったのだろう。そういうわけで、糞をよけようとした拍子《ひょうし》に、ヒルは地面に倒れこみ、ラエトリの「サイトG」と呼ばれる土地の灰を間近で目にした。そこに残されているのが、従来考えられていたような、ガゼルやアンテロープの足跡だけではないことにヒルは気づいた。人間の足跡に似た痕跡が、動物の足跡に交じっていたのだ。

一九七八年、四年におよぶ調査を経て、長さ二七メートルの凝固した灰に残る、八八個の足跡が確認された。足跡の主が二本足で歩行していたことは、ほとんど疑《い》いを容れなかった。指の並びを見ると、私たちと同じように、親指がほかの指と平行になっている。これがサルであれば、親指だけが分かれて別方向に伸びているはずである。この足跡が刻まれた年代にかんしては、火山灰の年代を正確に測定する手法から計算できる。それは、三六〇万年前の足跡だった。この年代に、この場所で、この灰の上を歩行していた生物は、アウストラロピテクス・アファレンシスをおいてほかにいない。

私たちにとっては当たり前に過ぎる、ごくごく平凡な能力ではあるが、脊椎動物のなかで両足で立つ動物、つまり、上体を起こして**二足歩行**ができる動物は、きわめて希少である。私たちの系統の外に目を転じるなら、異なる歴史を歩んだ鳥類を別にすれば、二本足で進むのはカンガルーと、一部の恐竜くらいのものである。だが、カンガルーにせよ、恐竜にせよ、私たちと同じような歩き方をしている（していた）わけではない。両者はともに、どっしりとした尾をもっている。移動するときは、体を前に傾けて、尾で釣り合いをとっている。

しっぽもなしに直立して歩くのは、人類の専売特許である。この能力は私たちの骨格と筋肉組織に、甚大な影響と、取り返しのつかない変化をもたらした。それは、このあとで見るように、かならずしも有利な変化ばかりではなかった。もちろん、チンパンジーやゴリラ、それにクマだって、二本足で何歩か動くことはできるが、それはこれらの生物にとって平常の移動手段ではない。「歩く」とは、均衡を失っては取り戻すという作業の絶え間ない反復であり、強靭《きょうじん》な臀筋《でんきん》（チンパンジーにはこれがない）と切っても切れない関係にある。骨盤は別の方向を向き、そしてとりわけ、脊椎は別の構造を獲得する。四本足の動物の場合、脊椎は地面と水平なアーチ状になっており、そこに内臓や胸郭がぶらさがっている。合理的で、うまく機能する構造だ。だが、直立姿勢の獲得にともなって、胸郭の重みが体の前面にかかるようになる。多少なりとも知恵のまわる設計者であれば、誰もこんな場所に胸郭を設置しようとは思わないだろう。ご存じのとおり、「ありあわせの素材」でできることをするのが「進化」である。重みのかかり方がいささかなりとも不合理でなくなるよう、時の流れとともに、脊椎は腰部で湾曲していった。だが、そうした変化だけでは、腰痛や、座骨神経痛や、鎮痛剤の注射を避けるにはじゅうぶんでなかったことは、今日の私たちがよく知っているとおりである。不利益はまだある。臀筋がしかるべく収まるように、骨盤が変形、収縮したのだが、そのせいで人類の出産は、ゴリラやチンパンジーとくらべて難事業となった。

要するに、直立歩行に移行するため、私たちは高い代償を支払ったのである。高い代償を支払った上で、それでもまだ地上に存在できているということは、直立歩行がもたらす利益は、不利益よりも大きかったという見方が成り立つだろう。この点にかんしては、次章以降であらためて見ていくことにしよう。

私たちの歴史とチンパンジーの歴史は、私たちの祖先が二本足で歩き出したときに枝分かれした。それがどんなふうに起きたのか、はっきりとしたことはわかっていない。わかっているのは、いまから約六〇〇万年前、人類とチンパンジーの共通の祖先が暮らしていたアフリカで、気候が大きく変化したということである。暑くて湿っていた空気が、アフリカ東部から徐々に乾燥していった。気候の変化は植生に反映し、森林は次第に高木《こうぼく》が乏しい環境へ、サバンナへ置き換えられていった。環境の変化に私たちの祖先が対応するのにも、やはり数百万年の時間がかかった。人類とチンパンジーの共通の祖先のうち、一部の集団は、はじめはすこしずつ、そして、時代がくだるほど頻繁に、サバンナへ繰り出すようになった。このグループは、長い時間をかけて、新たな環境へ適応していった。残りの祖先たちは、ただ単純に、木の上にとどまった。私たちは前者の子孫である。樹上で暮らしているかぎり、ある程度までは安全が確保されている一方で、サバンナにおいては、敵対的な生物の接近にいち早く気づくことが必須となる。二本の足でまっすぐに立つことで、周囲の空間のより良い把握と、危機に際しての迅速な逃避が可能になる。おそらく（あくまでも「おそらく」である）これが、新たな環境で直立二足歩行が広まった主たる理由である。

三五〇〇万年とすこし前、私たちと似たような足をもち、私たちと同じような歩き方をする三体のアウストラロピテクスが、ラエトリを通りかかった。残っていた痕跡はそれだけではない。凝固した灰からは、ほかの哺乳類、鳥、昆虫、それに、雨のしずくの跡も確認された。なぜ「三体」だとわかるのかと言えば、足跡の大きさがそれぞれ異なるからである。ある足跡は大きく、ある足跡はやや小さく、また別の足跡はさらに小さい。ちなみに、いちばん小さいサイズの足跡は、残りふたつのサイズの足跡の内部で確認された。いちばん小さな足跡の主は、火傷《やけど》を負わないように、ほかの二個体がすでに踏みしめた場所を歩いていったのだろう。

これらの痕跡が私たちの時代まで残ったのは、複数の現象が続けざまに起きたからである。まずは噴火。そして雨。次に、三体のアウストラロピテクスの通過。それからまた噴火が起きて、灰があたりを覆い、すべてを保存する役目を果たした。メアリ・リーキーの研究チームが、私たちの過去について伝える驚くべき遺物を発見するまで、灰がずっとその足跡を守っていた。

足のサイズから背丈を推定するならば、大人と見られる二個体は一メートル三〇センチから一メートル四五センチのあいだ、小さな個体は一メートル一五センチ程度と考えられる。男性と、女性と、子どもだろうか？　古き良き伝統的な家族形態が、先史時代が始まる前から存在していたということなのか？

いったん落ちつこう、驚くべき事実はほかにもあるから。どこかの誰かが立てた右の仮説は、ジョルジョ・マンツィ率いるイタリアの調査団によって反証された。マンツィは次のように語っている。二〇一五年、場所は同じくラエトリ、一九七〇年代に足跡が発見された地点から一〇〇メートルほど離れたところで、別の足跡による、新たな移動の痕跡が見つかった。二本足で歩いていた別の二個体が、メアリ・リーキーのチームが足跡を発見した三個体とまったく同じ時期（灰の年代測定は嘘《うそ》をつかない）にその場所を通過し、三体と同じ方向へ移動していた。つまり、その集団を構成していたのは三体ではなく、五体だったのである。

特筆すべきは、そのうちの一体が、ほかの個体よりもかなり大柄だということである。身長は一メートル六五センチ、足のサイズは二五・五センチで、ほかの個体より明らかに歩幅が大きい。したがって、アウストラロピテクスは、個体間で相当にサイズが違ったということになる。動物学の世界ではこのようなケースは**雌《し》雄《ゆう》二《に》形《けい》**（**性的二形**）と呼ばれ、**霊長目**においては、雄の方が雌よりも大きくなる現象を指す。ラエトリに残された足跡は、一体の男性、三体の女性（あるいは、三体のうちの一体は若い男性かもしれない）、そして、すでに歩けるようになっている子ども一体のものと考えるのが妥当だろうと、ジョルジョ・マンツィは書いている。そんなわけで、「自然な家族像」の証拠が欲しいのであれば、どこか別のところへ探しに行った方がよさそうである。アウストラロピテクスの社会構造は（少なくとも、ラエトリに足跡を残していたグループにかんして言えば）、むしろゴリラの集団を想起させる。そこでは、「アルファ雄」と呼ばれる大人の雄が、複数の雌を従えて子を儲《もう》ける形になっている。

ルーシーの発見

だが、私たちはここまで足跡のことしか話してこなかった。**化石**との出会いは、痕跡の発見とはまた異なる。もちろん、私がここで念頭に置いているのは、ルーシーのことである。ルーシーの化石は、ラエトリの足跡が幸運にも発見される数年前に発掘されたが、この発見にもやはり偶然がかかわっていた。ただし、今回はゾウの糞ではなく、帰路のルート変更のおかげだった。

順を追って話すことにしよう。クリーヴランドにあるケース・ウェスタン・リザーヴ大学の古人類学者ドナルド・ジョハンソンと、そのころジョハンソンのもとで学んでいたトム・グレイは、エチオピアのアファール州、ハダル周辺で調査を進めていた。ハダルはラエトリのやや北に位置しているが、地質学的には同じ地層の内部にある。エリトリアからモザンビークまで、東部アフリカを南北に走るグレートリフトバレー（東部アフリカ大地溝帯《だいちこうたい》）と呼ばれる地溝帯である。ジョハンソンが語ったところによると、それは一九七四年一一月二四日の出来事だった。彼はこの日、あまり調査に乗り気でなかったのだが、学生のグレイは、今後発掘を行う土地の経度と緯度だけでも計測しておこうと言って譲らなかった。ランドローバーで帰り道を走っている途中、直射日光にさらされるルートを避けるために、まだ通ったことのない地域へと進路をそらした。ジョハンソンはいつものとおり、じっと下を向いていた。そうすれば、化石が見つかることがあるからだ。いくらか進んだところで、地表から肘（の化石）が突き出ているのが目に入った。完璧な保存状態である上に、尺骨《しゃっこつ》、すなわち、前腕を形成する二本の骨のうちの一本とつながったままだった。アファール州ではそれまでにも、ヒヒの骨が数多く発見されていたが、ジョハンソンはそれが別種の骨であること、**ヒト族**（**ホミニン**）の骨であることをただちに察した。

（ここで、ごく手短に、専門用語の補足をしておきたい。私たちはゴリラ、チンパンジー、オランウータンら大型類人猿とともに、**ヒト科**（**ホミニド**）を構成している。ヒト族というのはヒト科の部分集合に相当する。ヒト族には私たちのほかに、今日では絶滅した私たちの親戚、アウストラロピテクス属や、パラントロプス属が含まれる。私たちが「アウストラロピテクス」と呼んでいるのは、そこから人類のさまざまな種が派生したのであろう、数種類の小型のヒト族のことである）

他方、学生のトム・グレイは、それが重要な発見であるかどうか、ひと目見ただけでは確信がもてなかった。だが、すこしして、自分が頭蓋骨を踏みつけそうになっていることに気づいたとき、考えが変わった。当時を振り返るジョハンソンの言葉によれば、いつも冷静なことで知られるトムが、このときばかりは、ベースキャンプに戻るまでのあいだずっと、クラクションを鳴らしつづけていたという。たいへん古い時代に属す化石を発見したことは、ふたりともわかっていた。なぜなら、同じ地層から、すでにゾウの骨を発掘しており、それが三〇〇万年以上前のものであることを突きとめていたからだ。ふたりは、アウストラロピテクスの新しい種を発見したのだ。

その個体は、発見した土地（アファール）の名前をとって、アウストラロピテクス・アファレンシスと命名された。だが、地球規模の名声獲得に貢献したのは、学名よりもむしろ、「ルーシー」という愛称の方である。名前の由来はよく知られている。化石を再構築しているとき、ジョハンソンはビートルズのカセットを聴いており、なかでもいちばんのお気に入りが「ルーシー・イン・ザ・スカイ・ウィズ・ダイアモンズ」だったのだ。「288‐1」（研究者のあいだでは広く知られているこの化石の名称）では、人びとの想像力をここまで刺激することはなかっただろう。無数の子ども、学生、ドキュメンタリー制作者、人類学の愛好家が、ルーシーの名に胸をときめかせてきた。

高齢で死んだにしては、ルーシーの骨はかなりの程度までそろっていた。頭蓋の大部分を含め、全身の約四〇パーセントが見つかった。ハダル全域では、四〇〇を超えるアウストラロピテクス・アファレンシスの化石が発掘され、そこからきわめて重要な情報が収集された。たとえば、ルーシーの歯に付着している元素の調査（**同位体**分析）から、彼女がベジタリアンのような食生活を送っていたことが判明している。果物に野菜、あとはおそらく、昆虫も食べていたことだろう。ルーシーが発見された地層からは、カメやワニの卵の殻も数多く見つかっており、これらの卵もまた、彼女の食事メニューの一部であったと考えられる。

何ページか前で、ルーシーたちが二本足で歩行していた「唯一の」種であるかどうかは定かでないと書いたが、このような留保をつけたのは、ケニアやエチオピアでも、三〇〇万年から四〇〇万年前の化石が見つかっているからである。だが、それらの化石はひどく不完全で、それこそ、足の形を特定することもままならない。問題の検討もそこそこに、件《くだん》の化石はケニアントロプスやアルディピテクスと命名された。これらの個体が二本足で歩行していたのかどうかは、いまだ判然としない。だが、いま手もとにある知識と照らし合わせて考えるなら、人類を現代の私たちへ導く変化の鎖の先端に、アウストラロピテクス・アファレンシスが位置しているという見解に、疑義を差しはさむのは難しい。

向こう見ずな飛翔

この章を締めくくるにあたって、先に「向こう見ずな飛翔」と呼んだ出来事について、二言三言付け加えておこう。二〇一六年、オースティン大学のジョン・カッペルマンとエイドリアン・ウィッツェルは、ルーシーの骨に認められる一七箇所のひびを調べ、ルーシーが死んだのは、高所から落下して地面に叩きつけられたためだと結論づけた。根拠となったのは腕の損傷で、高いところから落下する人物が身を守ろうとしてできる傷によく似ていた。CTスキャンによって可視化された細部は、骨にひびが入ったのは死亡時であり、地中で過ごした三〇〇万年のあいだではないことを物語っていた。ほかの研究者（そこには発見者であるジョハンソンも含まれる）は別の解釈、おそらくよりシンプルな解釈を好んでいる。たとえば、ルーシーは死んで間もなく、その上を通過する動物に踏みつけられたという説である。

この点にかんして、私は明確な立場をとることができない。だが、もしカッペルマンとウィッツェルの主張が正しいのであれば、そこから引き出される結論はじつに示唆に富んだものとなる。あくまで概算の数字ではあるが、ふたりの計算によれば、ルーシーはかなりの高さ（数メートル）から落下したと考えられる。これはつまり、歩行に適した足を有していたにもかかわらず、そして、彼女やその仲間こそが、二本足による人類の冒険を開始したにもかかわらず、ルーシーはなおも高いところで、木々の葉のあいだで、日常のかなりの部分を過ごしていたことを意味している。したがって、樹上生活から直立二足歩行への移行は、長い時間、気が遠くなるほどの長い時間をかけて、段階的に進んだと考えるのが妥当だろう。

第2章

二本の手で

ホモ・エルガステル

トゥルカナ・ボーイ　160万年前

「手」の獲得

トゥルカナ湖もやはり、グレートリフトバレー（東部アフリカ大地溝帯《だいちこうたい》）に位置している。南から延びる長い道が、エルモロという村につながっている。人口は一〇〇〇人ほどで、かつては漁業で生計を立てていたが、いまはもっぱら観光の収入で暮らしているらしい。ひどく愛想のいい子どもたちが、よそからやってきた客人の手を引っぱって、谷の縁へ連れていってくれる。そこから下を見おろすとワニが見えるのだ。そのなかの誰か（ワニでなく、子どものなかの誰か）が、ガルダ湖〔訳注：イタリアでもっとも面積の大きい湖〕の輪郭が描かれた色あせたTシャツを着ていた。胸から五〇センチくらい離れた場所、私が暮らしているパドヴァのあたりを指さしてやると、少年は笑みを浮かべた。

トゥルカナ湖は、五体のアウストラロピテクスが足跡を残していたラエトリと、ドナルド・ジョハンソンがルーシーの化石を発見したハダルの、おおよそ中間にある。だが、そこで発見された化石とアウストラロピテクスでは、生きた時代は遠く隔たっている。ルーシーと比較すると、「トゥルカナ・ボーイ」ことトゥルカナ湖の少年は、より「人間」に近く見える。もちろん、目の上の骨格が前方に突き出てアーチを描いていたり、「頤《おとがい》（下あご先端の突出部）」という重要な要素が欠けていたりといった、ひとめでわかる違いはある。それでも、私たちは彼のことを、自分たちと同じ「属」の生物として、「ヒト属」（ホモ属）に分類している。少年は肩に棒をかつぎ、顔や胸には毛がないが、これらも彼を「ヒト属」と見なす根拠のひとつだろう。

とはいえ、実際に彼がどの程度まで毛深かったか（というか、毛が薄かったか）は、私たちには想像することしかできない。アーティストのケニス兄弟（アドリーとアルフォンスの双子）は、毛深さやそのほかの細部にかんしては、想像力に頼って肖像（本書口絵）を制作している。ただし、それはけっして、当てずっぽうの推測というわけではない。数百万年のあいだに私たちが徐々に毛を失い、デズモンド・モリスが言うところの「裸のサル」に変化していったことは、疑いの余地のない事実である。毛のない方向へ進化した理由については、なおも議論の余地がある。ある者は、毛がない方が体温の調節が容易だからだと説明し、また別の者は、毛がない方が美しく見えるからだと主張する。ふたつの説明はたがいに排除し合うものではないが、この点についてはあとであらためて触れることにしよう。さしあたっては、トゥルカナ・ボーイの「手」に焦点を当てたいと思う。

手相見の占い師によれば、手には「幸運線」なる線があるらしい。一方、人類学者に言わせれば、私たち人類の幸運のかなりの部分は、「手」それ自体を獲得できたことに由来している。

前章で見たとおり、直立歩行への移行は、相当な痛みをともなう難事業だった。だが、一見したところ筋の悪い選択であったとしても、人類がそのように進化したのであれば、そこにはデメリットを上まわるメリットがあったのである。二足歩行は私たちに、背中の痛みや苦しい出産のほかに、まわりを見渡すための広い視界を、そしてなにより、二本の手をもたらした。樹上で暮らすサルの場合、手と足に大きな違いはない。それらは枝をつかむという、同じ目的のために使用される。地上に降り立ち、まっすぐに立つことで、「後ろ足」は「下の足」に、「前足」は「上の足」に変わった。「呼び方を変えたところで、内実は変わらないじゃないか」という読者がいるかもしれない。それが、大違いなのだ。
「上の足」の形態は、長い年月をかけて徐々に変化していった。その結果、トゥルカナ・ボーイの手は私たちの手とそう変わらないものになっている（とくに親指が長くなっているところ）。もっとも、これは私たちだけが経験した出来事ではない。ゴリラやチンパンジーもまた樹から下りて、（程度の差はあれ）おもに地上で暮らすようになった。ゴリラやチンパンジーにも「手」があり、さまざまな用途に役立てている。そのうちのひとつが、歩行の補助である。だが、私たちは違う。人類はもうずっと前から、歩くために手の助けを必要としなくなっている。結果として、私たちは手に特別な役割を担わせるようになった。

長い親指

だが、ここは順を追って、**霊長類**（**霊長目**）の共通の祖先から話を始めよう。長いあいだ、親指が短いのはサルの手の特徴だと考えられてきた。だが、これはやや純朴な、「ヒトはサルの子孫である」というのと同じような考えである。正確を期するなら、「ヒトはサルの子孫である」ではなく、「ヒトとサルは同じ祖先を共有している」と書かなければいけない。この祖先は私たちとも、現在のサルとも、大きく異なっているはずである。

手にかんしても、同じような議論が当てはまる。親指と薬指の比率を計測した場合、人間は明らかに、ゴリラや、オランウータンや、チンパンジーよりも長めの親指をもっている。だが、もうすこし詳しく見てみるなら、私たちの手にもっとも近いのはゴリラの手であり、類人猿のなかでもっともヒトに近いチンパンジーの手ではない。同様に、オランウータンとチンパンジーの手はよく似ているが、両者はそれほど近い関係にはない。

セルジョ・アルメシヤとその共同研究者たちはこの点について統計調査を行った。そして、チンパンジーとオランウータンは樹上で生活を送るのにたいし、ゴリラは地上で暮らすという点に着目し、親指の長さの違いを説明しようとした。つまり、手の形態は、生物としての関係の近さよりむしろ、生活環境から大きな影響を受けるということである。異なる種は、それぞれに異なる生活様式を採用してきた。そして、共通の祖先から枝分かれした霊長類のうち、ヒトとゴリラは親指が、チンパンジーとオランウータンはそれ以外の指が長くなる方向へ進化したのである。

これは**適応**と呼ばれ、**自然選択**（**自然淘汰**《とうた》）の結果とされる。その仕組みを最初に解き明かしたのが、ほかでもないチャールズ・ダーウィンである。

ご存じのとおり、生物の多くの器官は、「ある特定の目的のためにわざわざ作られた」ように見える。水中でも呼吸ができるよう魚にはえらがあるし、地上で生活する私たちには肺がある。チーターは獲物を追うため、アンテロープは捕食者から逃れるため、それぞれ強力な筋肉をもっている。サメは水中での摩擦抵抗が少なくなるような輪郭をしているし、カンガルーは袋があるおかげで子どもをあちこちに持ち運べる。こうした事実にもとづいて、ヴォルテール『カンディード』に登場するパングロス博士は、次のような大胆な説を披露している。

> 鼻は眼鏡を載せるために作られたものであり、そこには眼鏡が載っている。足はこれ見よがしに靴下をはくために作られたものであり、私たちは靴下をはいている［……］。そしてブタは食べられるために作られたのであり、私たちは一年中ブタを食べている。

ダーウィンはこの理屈をひっくり返した。この宇宙のどこを探そうと、生物の設計図を引いた建築家は見つからない。話はその反対であり、生物こそが、みずからが生きる環境に適応していったのだ。

はじめのうちは（と、ダーウィンは書いている）、遺伝性のさまざまな差異が併存していたに違いない。今回のケースで言えば、少しだけ親指が長い者と、少しだけ短い者の、両方が存在していたはずである。この違いが、それぞれの個体を少しだけ有利にしたり、少しだけ不利にしたりする。細かい手作業を行うのであれば、親指が長い者の方が、短い者よりうまく作業をこなしただろう。長いスパンで見るならば、このささやかな有利・不利が、**死亡率**（手を使っていろいろなことができる者の方が、平均寿命が長くなる）と**繁殖力**（長く生きられる者の方が、平均してたくさんの子孫を残せる）の違いに結びついていく。こうして、世代を経るごとに有利な特徴が共有され、拡散される。反対に、不利な特徴は希少になり、やがて姿を消してしまう。私たちの系統樹においては、自然選択によって長い親指がもたらされ、ほかの霊長類には不可能な「手作業」ができるようになった。どれほど高貴かつ上品なチンパンジーであっても、親指と人さし指でティーカップの取っ手をつかむことはできない。

大きな脳

だが、話はここでは終わらない。自然選択は（当然ながら）私たちの脳の発達にもかかわってくるからである。ルーシーの頭蓋の容積（つまり、そのなかにあった脳のサイズ）がおおよそ四〇〇ｃｃであるのにたいし、トゥルカナ・ボーイは八八〇ｃｃである。約二倍の数字だが、現代の私たち（一四〇〇ｃｃ前後）にはまだ遠くおよばない。脳の容積の拡大と手の使用は、たがいに歩調を合わせて進行したと考えられる。

いちばん理屈に合った説明はこうである。アウストラロピテクスであれ、「ヒト属」の最初期のメンバーであれ、手の使用という新たな可能性と向き合うにあたっては、いくぶん器用な者と、いくぶん不器用な者とがいたであろう。脳のニューロンの量が増大すれば、手先はより器用になると考えるのが自然である。大きな脳みそは小さな脳みそよりもよく働き、長い時間をかけて小さな脳みそを駆逐していく。やがて、さらに大きな脳みそが現れ、同じことが繰り返される。ダーウィンは、私たちの種の根幹をなす三つの特徴――直立歩行、大型の脳みそ、言語能力――は、それぞれ同じタイミングで、並行して進化したと考えていた。

だが、実際にはそうではない。ラエトリの足跡が示しているように、最初に発達したのは、表面上はあまり高貴とは言えない能力、すなわち直立歩行の能力であり、脳の発達はそのあとに起きた出来事である。言語能力にかんしては、さまざまな説が林立しており、なかにはたいへん興味深い説もあるが、私たちが正確にいつ言葉を話しはじめたのかという問いには、この先も誰も答えられないままだろう。ひとつたしかに言えるのは、直立歩行が驚くべき自然選択の引き金となって、ついには私たちに特大の脳と、「分節的な（個々の音がはっきりと分かれた）」言語をもたらしたということである。

脳が大きくなれば、それだけ多くのことができるようになる。たとえば、道具。トゥルカナ・ボーイが肩に棒をかついだ姿で表現されているのには、それなりの理由がある。

ここで、彼についてもう少し詳しく見てみよう。標本番号「KNM‐WT　15000」としても知られる彼は当初、**ホモ・エレクトゥス**に分類されていた。時代の移ろいとともに定義が変わり（この点については第4章で見ていこう）、いまではホモ・エレクトゥスはアジア由来の化石のみを指す呼称となった。トゥルカナ・ボーイを含むアフリカの化石は、**ホモ・エルガステル**に分類される。トゥルカナ・ボーイは、一〇八個の骨がそろった状態で発見された。人類の初期の進化を伝える化石のなかで、ここまで完璧な形が残っているものはほかにない。年齢は一一‐一二歳程度で、無事に成人していれば身長は一メートル八五センチまで達していた可能性もある。つまり、アウストラロピテクスより少なくとも二〇センチは大型ということになるが、際立った違いはそれだけではない。その縮小した骨盤は、半‐樹上生活から完全に地上生活へ移行していたことの証左である。トゥルカナ・ボーイは健康体ではなく、おそらくはそのために、若くして命を落とすこととなった。彼は腰にヘルニアをわずらっていたほか、下あごにも問題を抱えていた。

私たちはいつ「人間」になったのか？

ともあれ、道具に話を戻そう。私たちはサルと同じ祖先を共有しているが、その共通の祖先は、ヒトとは認識しがたい生物だったはずである。もう一度、ルーシーの肖像を見てみてほしい。道ばたで彼女とすれ違ったとして、コーヒーをおごろうという気が起きるだろうか？　むしろあなたは、ただちに動物保護団体に電話するはずである。なら、私たちはいつ「人間」になったのか？

この問いに、シンプルな答えを提供するのは難しい。カリフォルニアのサンディエゴにある研究所ＣＡＲＴＡ（人類遺伝学学術研究研修センター）は、この答えを探り当てるために奮闘している。ＣＡＲＴＡのふたりの研究者、アジト・ヴァルキとターシャ・アルトハイデは、私たちとそのほかのヒト科の生物の違いを二五〇個列挙している。体毛の欠如、へその緒の長さ、歯のエナメル質の厚さ、埋葬の習慣……だが、これらの違いがどのような順序で生じたのか、そしてとりわけ、どの違いが私たちを「人間」にするうえで決定的だったのか、はっきりと特定することは困難である。チャールズ・ダーウィンもこの問題について考えたが、このテーマには「あまり興味を引かれない」と結論づけている。この問いの答えはけっきょくのところ、私たちが主観的に人間をどのように定義するかに左右されてしまうからである。

ダーウィンの言うことはもっともだが、一部には、合意が形成できるように思えるケースもある。慣例的には、考古学的な物証から、「ある道具を使って別の道具を作製できること」が証明された時点から、ヒト属の歴史が始まるとされている。

道具を使う能力は、人間の専売特許というわけではない。アオサギはパンくずをエサに使って魚を引き寄せる術《すべ》を知っている。肉食のモズはいばらの棘《とげ》を――場合によっては有刺鉄線を――使って、エサとなる昆虫を動けなくする。多くのサルは、アリを集めるために棒を使うし、水を運ぶためにコヤシの殻を使う。チンパンジーともなれば、道具を「作る」ことさえできる。たとえば、小木の枝を何度か折って杖《つえ》にするといった具合である。だが、もっとも賢いチンパンジーであっても、「ある道具を使って別の道具を作る」ことはできない（少なくとも、できるという証拠や証言は存在しない）。チンパンジーの構想能力は、その水準までは達していないのである。

そういうわけで、この限界を乗り越えた時点を、「ヒト属」の始まりと見るのが妥当である。すなわち、ある石を使って別の石を割ることで、新たな道具が作られたということが、発掘物から判明した年代である。それこそが石器時代の始まりであり、考古学の始まりでもある。

この種の痕跡を残した化石は、やはりアフリカ東部で発見されており、**ホモ・ハビリス**と呼ばれている。まだわずかな化石しか発見されていない**種**であり、その定義は明確には定まっていない。トゥルカナ・ボーイが生まれたのは、ホモ・ハビリスが生きた時代から数十万年後である。なぜトゥルカナ・ボーイをホモ・ハビリスとは別種として考えるかというと、ホモ・ハビリスの方が小柄で、脳のサイズも明らかに小さいからである。だが、私たちは両者を「ヒト**属**」として受け入れた。なぜなら、両者はいずれも手を使って、ずば抜けて利口なチンパンジーにすらできない作業を行っていたからである。

私はすこし前の箇所で、言語の起源についてはさまざまな仮説があるが、データはまったく存在しないと書いた。だが、ここで早くも、前言を撤回せざるをえない。今日の私たちは、脳のどの部分が言語機能と関係があるか知っている。それは左脳の前頭葉であり、専門家のあいだでは「ブローカ野《や》」と呼ばれている。トゥルカナ・ボーイの頭蓋にはすでに、まさしくその場所に変形が生じている。つまり、ブローカ野に相当する左の部分が、右側よりも大きく発達しているのである。これはおそらく、この脳には潜在的に、言語を操る能力が宿っていたことの証拠だろう。

なら、トゥルカナ・ボーイは言葉を話していたのだろうか？　それについては、なんとも言えない。胸部の形状から察するに、うまく言葉を発することができるほど、呼吸を自在にコントロールできていたとは考えにくい。つまり、私たちのように「分節的に」話ができた可能性は低いと言える。（左利きの人たちを攻撃する意図は毛頭ないが、脳の左半球が右半球より優位にあること、その結果として左手より右手が頻繁に使用されることは、すべて進化の所産である。もちろん、左利きの人はいたるところにいるし、その数は見かけ上よりも大きいだろう。というのも、多くの文化圏で、子どもたちは左手より右手を使うように指導されるからである。ともあれ、チンパンジーは左右の手を区別なく使うのにたいし、私たちには「利き手」がある。左右非対称な脳の構造が、片方の手の優先的な使用や、言語機能や、そのほか重要な性質に結びついているのである）

私たちはなぜ「裸のサル」になったのか？

この章の冒頭で、なぜ私たちが「裸のサル」になったのかという点について、なにかしらコメントすることを約束しておいた。毛がない方が体温調節が容易だからなのか、あるいは、毛がない方が美しいからなのか？

ひとつめの説（体温調節）は、自然選択を参照した見解である。樹上では葉の陰で過ごすことが多いのにたいし、サバンナには陰が少ない。地上に降り立ち直立歩行を始めると、直射日光にさらされる時間が長くなる。結果として、体温が上がるリスクが高まる。三九度の熱を出したことがある人なら、高熱状態で脳の働きがいかに鈍るか、よく知っているだろう。ゆえに、体温上昇はなんとしてでも避けねばならない。凶暴な動物に囲まれて暮らしているなら、なおさらである。体温調節の機能はすべての哺乳類に備わっており、どの動物も汗腺を有している。それにたいして、動物ごとに（大きく）異なるのは、汗腺の量である。汗腺の多さにかけては、私たちの右に出る生物はいない。したがって、より効果的で数の多い汗腺が発達するにつれて、体毛が徐々に減少していったと考えることは可能である。直立歩行には、日光にさらされる体表の面積を最小限にするというメリットもある。

筋の通った説明だが、これが唯一の可能性ということもない。人類の起源にかんする著作（この本については第15章で触れる）でチャールズ・ダーウィン（「いつもこの人だ！」と思う読者がいるかもしれない。そう、いつもこの人なのだ）は、一部の種の雄の外観（あくまで「雄の」外観である）は、なぜ自然選択のメカニズムに抗《あらが》っているように見えるのかという問いを立てている。クジャクやキジの派手な色の羽ときたら、まるでわざと捕食者の注意を引きつけているかのようだし、多くの魚にかんしても同様である。なぜ、それらと対になる雌は、より控えめな、擬態に適した色味をしているのか？

この問いにたいする答えはこうである。自然界では、自然選択とはまた別個に、そしてときには、自然選択と相反するようにして、また別の機能が働いている。ダーウィンはそれを「**性選択**（**性淘汰**）」と呼んだ。パートナーを選択するにあたって、雌はかならずしも、当該環境で生きのびるにあたってもっとも有利な特徴をもつ相手に惹《ひ》かれるわけではない。控えめな色合いの羽毛は、茂みに姿を隠すのには役に立つ。だが、もし雌が青いクジャクに入れあげたら、それよりも地味な雄はみずからの擬態能力を子孫に残すための相手を見つけられなくなり、最終的には地上から消え去ってしまうだろう。性選択は、実験室の研究でも野外の観察でもはっきりと確認されている。つまり、研究対象の外観の変化が、じつに速やかに生じるのである。

動物行動学の研究者の一部は、直立歩行の確立だけでなく、体毛（とりわけ顔の毛）の減少にかんしても、性選択のプロセスが影響を与えたという仮説を提唱している。言い換えるなら、二足歩行でさっそうと歩き、体格と輪郭がひとめでわかる男性を、私たちの祖先の女性はより魅力的に感じたということである。

ふたつの仮説、自然選択説と性選択説のどちらを採用すべきなのか、必要な情報がすべて手もとにそろっているとは言えない。だが、おそらくは、無理にどちらかを選ばなくてもよいのだろう。女性が毛の少ない男性を好むようになる過程と、より優れた汗腺を発達させるために毛を失う傾向は、手を取りあって並行して進んでいった。その帰結として、体毛減少のプロセスが加速し、私たちは「裸のサル」になったのである。

第3章

カフカスの山中で

ホモ・ゲオルギクス

ドマニシ2号　180万年前

最初の移住者たち

アフリカの外へ飛びだしていった最初のヒト属について、わかっていることはごく少ない。はたして言葉を話していたのか、そうだとすればどのような話し方だったのか。肌は何色だったのか(もっとも、肌の色にかんしては、推測するための材料がある程度そろっている。第13章参照)。そして、いつこの移住が始まったのか。三〇年前までは、長い距離を移動するには、大きな脳と長い足が必要だとする見解が主流だった。もちろん、どれくらい(脳が)大きくて、どれくらい(足が)長ければいいのかということは、誰にも断言できなかったのだが。

カフカス山脈南部、現在のジョージアで、従来の考えを覆す証拠が発見された。実際には、しっかりとした足さえあれば、そのほかの要素はカバーできたらしい。最初の移住者たちがどのような経路をたどったのかということも、やはりわかっていない。多くの研究者のあいだで共通見解になっているのは、アフリカ東部からすべてが始まり、移住者たちはナイル川に沿って北上したというストーリーである。あるいは、海水面が現在よりも低かったことを踏まえるなら、アフリカの角《つの》(現在のソマリアを中心とするアフリカ北東部)からアラビア半島へ、直接に移動したのかもしれない。どのような手段をとったのであれ、人類はアフリカから北へ進み、中東にたどりついた。説得力のある、もっともらしい解説ではあるものの、この移動について、化石や考古学上の発掘物といった証拠が見つかっているわけではない。ナイルの渓谷でも、シナイ半島でも、アラビア半島でも、それらしいものは出土していない。私たちにわかっているのは、ジョージアで化石が見つかったということ、いまから一八〇万年前には、すでにこの地に誰かが住んでいたということだけである。

化石が発見されたのはじつに景観が美しい土地で、過去もそうであったに違いないと想像させる。ドマニシ周辺、すなわち、私たちが**ホモ・ゲオルギクス**と呼んでいる化石が出土した場所は、かつては雨が多く降り、森と湖が存在した。寝起きをするにも、狩りに行くにも適した土地だ。

エリザベート・デイネの復元像（ドマニシ2号）のもとになった頭蓋骨は、若い女性のものだと考えられている。今日の私たちと比較すると、額はまだ大きくうしろに傾いており、サルや私たちの遠い祖先と同じように、顔は前に突き出ている。鼻の穴は横に大きく広がっており、写真（本書口絵）を見ると、なにかを警戒するような表情をしている。実際のところ、彼女やその仲間たちにとって、世界は危険に満ちた場所であったに違いない。

しかし、別の復元像ではより晴れやかな顔つきをしており、おそらくはそれもまた、正しい解釈のひとつなのだろう。先史時代の穴居人《けっきょじん》（ドマニシ2号は洞窟のような、天然の隠れ家で生活していたと考えられる）は、捕食者や悪天候など、私たちから見るときわめて深刻な不安におびやかされていたはずだが、とはいえ、彼らにとってそれはあくまで「日常」だった。その生活が、苦悶《くもん》一色に塗りこめられていたとする考えには、私としては賛同できない。

脳の容積は六五〇ｃｃほどで、まだまだ控えめである。トゥルカナ・ボーイの脳より小さく、もっと古い時代に生きたホモ・ハビリスに近い。だが、ここにホモ・ゲオルギクスの特殊性があるのだが、ドマニシの発掘現場から出土した五つの頭蓋骨のあいだには、大きさ（五四〇ｃｃから七七〇ｃｃまで幅がある）だけでなく、頭部や下あごの形状にもさまざまな差異が認められる。

スイスの優れた人類学者クリストフ・ツォリコファーは、もしこれらの頭蓋がそれぞれ遠く隔たった場所で発見されたなら、おそらく研究者は別の種と判断していただろうと書いている。ニューヨークの自然史博物館で長年にわたり研究員の任に就いていたイアン・タッターソルも、ドマニシで発掘された頭蓋骨は、単一の種ではなく複数の種に属すという説を提示している。だが、これらの化石は同じ場所で見つかったし、生きていた年代も同じである（ただし、ここでいう「同じ」とは、「せいぜい一万年程度しか違わない」という意味である）。

したがって、採りうる説は二通りとなる。つまり、ヒト属の異なる種が同じ土地で共生していたという、ありえないとまでは言わないがかなりめずらしいケースに行き当たったか、あるいは、単一の種の構成員のあいだで、外観にかなりの違いがあったかのどちらかである（後者の可能性について補足するなら、現代を生きるホモ・サピエンスにしても、個体間に大きな差異が認められることは周知のとおりである）。

容易に想像がつくだろうが、ドマニシの化石をどう命名するかをめぐっては、長い議論が交わされた。最初のふたつの頭蓋骨を発掘したジョージアの古生物学者は、広く知られているアジアのヒト属、次章でとりあげるホモ・エレクトゥスの一類型として位置づけた。先述のタッターソルは、共同研究者のシュヴァルツおよびチーとともに、その分類が適切でないことを論証した。同じように、ドマニシの頭蓋骨の主《あるじ》を、トゥルカナ・ボーイが属すアフリカの種（ホモ・エルガステル）に含めるという説も、タッターソルは却下している。結論を言うならば、疑問が完全に解消されたわけではないとはいえ、いまではほとんどの研究者が、ドマニシで発見された化石をホモ・ゲオルギクスと呼んでいる（「種」とは正確にはなにを意味するのかという点は、本書の最終章であらためて検討する）。

四つの頭蓋骨のうちのひとつであるドマニシ4号は大人の男性のものと推定され、死亡時には歯が一本しか残っていなかった。ほかの歯はすべて生前に失われたことがわかっている。なぜなら、歯を抜けば私たちの身にも起こることだが、歯槽が骨組織で埋まっているからだ。

とはいえ、こうした現象が生じるには、数か月の時間を要する。つまり、何か月か、ひょっとしたら何年か、誰かが「障害者」の世話をしていたということになる。たんに食べ物を用意するだけでなく、歯がなくても飲みこめるよう、石ですりつぶすなどして食べやすくしていたのだろう（火を使って食べ物をやわらかくするということは、この時代にはまだなかった）。親が子の面倒を見るという通常の関係を超えた、ある種の精神的な結びつきの証拠が、はるか過去の先史時代から届いたのだとも言えるし、無慈悲な世界でこれらか弱き生物が生きのびるためには、集団で結束し、協働して助け合うという傾向が有利に働いたのだという見方も成り立つだろう。

発掘の経緯について、もうすこし詳しく説明しておきたい。太古の人類の化石が見つかるより前から、ドマニシでは中世の都市の発掘が行われていた。二本の川が合流する丘に、六世紀か七世紀の聖堂が立っており、ほかにも要塞や温泉施設、工房の遺跡などがある。あとは、ムスリムとキリスト教徒の墓地がひとつずつ。だが、考古学者がきわめて古い動物の化石や石器、さらには歯のそろった霊長目の下あごなどを発見するに及んで、ダヴィッド・ロードキパニッゼ率いる古生物学者のチームがこの土地へやってくる。研究チームは下あごと対面するなり、歯の状態が良好であること、長年の使用による消耗が見られないことに気がついた。つまり、この下あごの持ち主はまだ若いうちに（おそらくは二〇歳前後で）死んだのだと推測される。この個体こそ、本章の主人公であるドマニシ2号である。

一九九九年から二〇一五年のあいだに、ロードキパニッゼのチームはほかにも頭蓋骨を発掘し、その素性について議論を始めた。どの種に分類するのであれ、それがきわめて古い時代のものであることは疑《うたが》いを容れない。詳細な分析手法（専門的に言うなら、古地磁気学的手法）を用いた結果、化石が眠っていたのは一八〇万年前の地層であることが判明した。

正確を期するために補足しよう。ホモ・ゲオルギクスが発見されるまで、ヨーロッパやその周辺ではごくわずかな化石しか出土しておらず、そのいずれもが不完全で、年代の特定も済んでいなかった。ヒト属のなかのパイオニアがアフリカから出てきたのは、おおよそ一〇〇万年前だろうと見られていた。というのも、身長や脳のサイズといった点でホモ・ゲオルギクスと類似している、ホモ・ハビリスのような最古のヒト属は、長距離の移動に耐えうるほどには、足が長くもなければ脳が大きくもなかったからである。

ホモ・ゲオルギクスの発見によって、議論の前提は覆された。アフリカからの最初の**移住**は、さらに一〇〇万年前まで過去にずれこみ、新たに重大な問題がもちあがった。ドマニシには、最古のヒト属の特徴（低身長、後傾した額、小ぶりな脳みそ）と、現生人類の特徴とが混在している。たとえば、身体のプロポーションは現代の人間にじゅうぶん近いし、距骨《きょこつ》や蹠骨《しょこつ》といった足の骨は、ロードキパニッゼも書いているように、「地上での移動で最良のパフォーマンスを発揮する」ような構造になっている。ルーシーの時代はすでに遠い過去であり、いまでは人類は、地上から木々を見あげている。

なぜ移住したのか？

そうなると、今度はより一般的な疑問が浮かんでくる。そもそもなぜ移住したのか、そして、移住した結果なにが起きたのか？　移住という現象の専門家にはお許し願うとして、きわめて図式的に考えるなら、現代の人間が移住する理由はふたつに大別される。移住したいから、あるいは、移住せざるをえないから、のふたつである。私たちが移住するのは、ほかの土地でより良い生活を送ろうと望むから、はたまた、現在の生活があまりに厳しく、どこか別の土地に移るしか選択肢がないからである。

だが、いまから二〇〇万年前に生きていた誰かが、（必要に迫られたわけではなく）移住したいから移住したのだと考えるのは、相当に無理がある。地図もなければ、移動した先になにがあるのかもわからなかった時代である。仮に、移住先の環境を知っている者がいたとしても、それを仲間に伝えられるだけの言語能力が備わっていたかどうかはかなり怪しい。この時代、人類は野生の果実や、狩りが成功したならその獲物を食べて生きていた。ときには、自分たちより大きな捕食者が放置していった、動物の死骸《しがい》にありつくこともあっただろう。いわば「半‐放浪《ノマド》」の生活だが、それはかならずしも、長距離の移動をともなうものではない。頻度は高かったかもしれないが、あくまで限られた範囲内で、季節ごとに移動していただけだろう。クマのように、冬は渓谷に降りてきて、夏になると高地に移るといった具合である。

したがって、ホモ・ゲオルギクスの時代（そして、そのあとも当分のあいだ）、人類が移住するのは「移住せざるをえないから」だった。ふたつの要因の均衡が崩れたとき、人類は移住に駆り立てられる。ひとつは環境に、もうひとつは人口に結びついた要因である。言い換えるなら、どれだけの資源が利用可能か、そして、その資源をどれだけの人数で分け合うか、ということが問題になる。

均衡が保たれているあいだは、その土地を去る理由はない。一方で、資源が不足してきたり、人数が増えすぎて資源の確保のために争いが起きたりすると、その土地での生活にはリスクが生じ、ほかの土地へ移る方が良い、または、移らざるをえないという状況になる（あとで見るように、この種の移住のプロセスが、私たちにきわめて近い種、ネアンデルタール人の運命を左右することになった）。

おそらく、誰かがアフリカから北へ向かい、さらに北へ進んでカフカスの山中までたどりついたのは、ヒト属のほかの集団と食べ物のために争うことを避けようとしたからだろう。

移住した結果なにが起きたのか？

集団が分離し、一部の構成員が別の土地に移住した結果、人類にどのような変化が生じたのか。こうした疑問について考える上で頼りになるのが、**遺伝学**である。ＤＮＡには、私たちが過去にたどった道筋の痕跡が、歴史の痕跡が刻まれている。そして、その痕跡を読解する術《すべ》を、私たちは習得しつつある。

議論を始めるに先立って、いくぶん専門的な前置きをしておく必要があるのだが、なるべく簡単に済ませるつもりなので、どうかご容赦願いたい。ＤＮＡは**細胞**のなかにあり、基本的に、同一人物のすべての細胞のなかに同じＤＮＡが存在している。ＤＮＡは、四六本の鎖状に連なる**染色体**上に構成され、一本一本のＤＮＡには四種類の分子（**塩基**）が並んでいる。その四つはアデニン、チミン、グアニン、シトシンと呼ばれ、Ａ、Ｔ、Ｇ、Ｃのアルファベットで表現される。

ＤＮＡの塩基の並び方（**塩基配列**）には、父親の精子によって受精した母親の卵子が三五兆個に増殖するための手順が書きこまれている。その三五兆個の細胞によって形づくられた私たちの体を、しかるべく機能させる手順もまた、ＤＮＡに記載されている。つまり、Ａ、Ｔ、Ｇ、Ｃの連なりは、ある種の文章のようなものであり、そこに書かれていることの「意味」は、私たちの体を構成する**タンパク質**として表現される。偉大な生物学者フランシス・クリックが説いているように、ＤＮＡがタンパク質を作るのであって、その逆ではない。

タンパク質のほかに、ＤＮＡは自分以外のＤＮＡも作製する。すべての**細胞分裂**は**複製**という手順を踏んで進行する。ＤＮＡは忠実にコピーされる。ひとつの染色体がふたつの染色体になり、これらふたつのコピーが、分裂によって生じた娘細胞のなかに行き着く。このようにして、ＤＮＡに含まれているメッセージは細胞分裂を通じて伝達され、世代を超えて引き継がれる。

ほんとうにこのとおりに進むなら、私たちは誰もが同じ姿形をしているはずである。なぜなら、同一のＤＮＡは同一のタンパク質を作るから。だが、現実には、私たちはひとりひとり異なっている。私を形づくっているタンパク質が、ほかの誰かのタンパク質と完全に同一であるということはありえない。こうした違いの総体が、人間の**生物多様性**を形成しているわけだが、では、その違いがなぜ生じるのかと言えば、ＤＮＡがまれに（ただし定期的に）コピーミスを起こすからである。これは**変異**と呼ばれ、ＤＮＡの塩基配列にささやかな違いをもたらす。ある者は、みんながＴをもっている箇所にＣがあり、また別の者は、みんながＧをもっている箇所にＡがある。要約すれば、私たちが生物多様性と呼んでいるものは、人類の歴史を通じて蓄積されてきた変異の帰結である。このテーマについては第5章でふたたびとりあげ、第8章でさらに詳しく検討することとしたい。

進化がＤＮＡにどのように作用するのか、専門家はすでにかなりの程度まで研究を進めており、私たちはコンピューターを使って、その過程をシミュレーションすることができる。ある集団からひとつ（ないし複数）の小集団が離脱して、その後独自に進化しつづけた場合、いったいなにが起きるのだろうか。

結論から言うと、ふたつの現象が進行する。第一に、離脱した小集団は、その内部で多様性を喪失する。他方、ある小集団と別の小集団のあいだでは、差異がどんどんと広がっていく。この過程は、複数のボートが風に吹かれて、ばらばらに漂流する様子にも似ているため、遺伝子の漂流現象（**遺伝的浮動**）とも表現される。

すでに述べたとおり、遺伝的浮動によって、グループ内での多様性は失われる。たとえば、パーティーかなにかの席で、一〇種類の味のキャンディーが入った箱が用意されていたとしよう。帰り際、客はその箱から、ひとつかみのキャンディーをもっていけることになっている。そのとき、一〇種類の味すべてをつかむことのできる可能性はかなり低いだろう。せいぜいのところ、四つか五つの味のキャンディーをつかむのが関の山である。同じように、大きな集団から小さな集団が分離したとき、小集団の構成員は、母集団に存在する**遺伝的バリアント**の一部分しかもちだすことができない。

しかも、話はここで終わらない。もし、分離した集団が小さいままなら、世代を経るたびに、希少性のあるバリアントは消失のリスクにさらされる。つまり、一部の遺伝的特性は、次代に引き継がれることなく終わってしまう。したがって、長期的なスパンで見れば、孤立した集団の内部では、遺伝的な多様性は時とともに減じていくのである。

一方で、長い時間が流れるあいだに、集団間での差異は増幅していく。今度は、三人か四人の招待客が、キャンディーをつかみとるところを想像してみよう。つかみとったキャンディーの味の組み合わせが、みなすっかり同じであるとは考えにくい。各人の手には、それぞれ異なる組み合わせのキャンディーが握られていることだろう。同様に、もともとは遺伝的に均質だった母集団から、いくつもの小集団が形成されたとき、各集団は母集団の遺伝的バリアントを、それぞれに特有の組み合わせでもちだすことになる。これは統計学の手法による分析が有効な、**創始者効果**と呼ばれる現象である。離脱した集団が小さく孤立しているほど、創始者効果がよりはっきりと現れる。

だが、考えるべき要素はほかにもある。各集団が孤立しているかぎり、ＤＮＡの変異もまた、集団間の差異を増大させる方向に作用するだろう。時間がたつにつれ、集団内で新たな変異が生じるが、変異の内容はそれぞれの集団で異なるはずである。各集団はすこしずつ、ほかの集団にはないＤＮＡ

の変異を積みあげていく。このような事態が起こらないようにする唯一の方法は、集団間の接触である。ある集団と別の集団のあいだで、移住者の往《ゆ》き来があるのであれば、変異は循環し、遺伝的浮動の効果も弱まっていく。まとめるなら、孤立した小集団は速やかに集団間の差異を深めていくが、集団の規模がじゅうぶんに大きかったり、移住者の往き来が頻繁であったりする場合は、そのかぎりでないということになる。

ただし、早合点しないでおこう。私たちはホモ・ゲオルギクスや、それに類するきわめて古いヒト属のDNAを把握しているわけではない（第1章でも書いたとおり、DNAの分析が可能なのは、直近の一〇万年に属す化石だけである）。だが、人類の歴史がアフリカの内部にかぎられていた時代、人類の数に比して居住域は広大だった。それに、小集団に分かれることには、現実的な効用がある。多くの人数に食べ物を分配するには、（ほぼ）毎日、狩りで大きな成功を収めなければならない。反対に、集団の規模が小さく、おのおのが自身の判断で狩りに行くのであれば、少なくともいくつかの集団は食べ物にありつき、世代を超えて生きのびる可能性が高まるだろう。こうして、何百万年とは言わないまでも、数十万年の長きにわたって、移住者の往き来に乏しい孤立の歳月を過ごすうちに、太古の人類の形態は差異を拡大していった。多くは進化の袋小路に突き当たって絶滅したが、ひとつだけその運命を免れたのが、いまここで人類の歴史の話などをしている私たちである。

時代がくだるにつれて脳は大きくなる傾向にあるのだから、ホモ・ゲオルギクスが、より脳の大きいホモ・エルガステルの子孫であるとは考えづらい。したがって、おそらくは、エルガステルが出現するよりも前に、別の形態の人類、私たちにとって未知の人類が、どこへ行き着くのかも知らないままに、北への一歩を踏み出したのだろう。脳みそは小さいけれど、歩行にはぴったりの足をもったホモ・ゲオルギクスは、太古の人類がどれほど長い道のりを歩んだのかを伝えている。

第4章

アジアの南で、火が

ホモ・エレクトゥス

トリニール　50万年前

「ヒトとサルの中間」

「ピテカントロプス」という用語は現在では使われなくなったが、まだ覚えている読者もいるだろう。かつては、嗜好《しこう》や振る舞いが「原始的」だという烙印《らくいん》を押すために、この言葉が使われたものだった。古代ギリシア語で「ピテコス」は「サル」を、「アントロポス」は「ヒト」を意味する。その中間に位置するのが、ピテカントロプスというわけである。本書口絵の生き生きとした女性（まあ、髪はだいぶぼさぼさだが）は、私たちを値踏みするような表情を浮かべている。本書ですでに言及した、あるいはこれから言及するであろうほかの化石と同様に、彼女もまた何度か名前を変えてきた。ジャワ原人、アントロポピテクス、ピテカントロプス、そして、ホモ・エレクトゥス……。

急いで断っておかなければならないことがひとつある。オランダのライデンにある、国立自然史博物館が制作を主導した彼女の復元像は、かなりの程度まで芸術家（ケニス兄弟）の想像力に根拠を置いた作品である。なにしろ、同博物館に保管されているのは、歯が一本、大腿骨《だいたいこつ》が一本、それに頭蓋《とうがい》冠《かん》（頭蓋骨の頂部）だけなのである。だが、早くも前言をひるがえすようで恐縮だが、復元像を完全なる想像の産物と言い切るのも公正ではない。一八九一年という早い時期に、彼女の化石が発掘されて以降、ホモ・エレクトゥスの化石は数多く見つかっている。ケニス兄弟は、これらの化石の主たちは多くの共通点をもっていたはずだという合理的な推論を働かせて、この復元像を制作した。
頭蓋冠のもっとも際立った特徴、すなわち、額の縦幅がかなり狭いという点が、豊かな毛髪によってすこしわかりにくくなっている。狭い額は、私たちにとってきわめて重要な脳の部位、大脳皮質の発達がじゅうぶんでないことを意味している。ホモ・エレクトゥスの脳は疑いなく、私たちの脳とは別物だった。そして、好奇心と思慮深さを漂わせる目の上で、女性の額はひさしのように前方に突き出ている。私たちサピエンスを別にすれば、これは多くの人類に共通の特徴である。
インドネシアのジャワ島で発見された当時、それは世界最古の人類の化石だった。もうすこし正確に言うと、化石であることは明らかであり、きわめて古いことも間違いなかったが、それが人類の化石であると認められたのは、長い議論を経たあとだった。一九世紀の社会を生きた多くの人びとにとって、ダーウィンの理論のもっとも承服しがたいところは、人間以外の祖先から人間が生じたとしている部分だった。一八七一年、ダーウィン本人が、皮肉を込めてこう言っている。

サル（Simiadae）はふたつの大きな集団に分かれた。新世界ザルと、旧世界ザルである。遠い過去に、後者から、宇宙の神秘と栄光たる人間が生じた。このとおり、驚異的な長さを誇る人間の系図を示してみたが、それはかならずしも、高貴な系図というわけではない。

今日の知識に照らし合わせれば、もはや議論の余地はない。地上に生命が誕生したのは、四〇億年近く前のことである。脊椎動物は五億年とすこし前、哺乳類は二億年前、**ホモ・サピエンス**は二〇万年前に登場した。したがって、現在から過去へわれわれの系図をさかのぼれば、否《いや》が応でも、ひとつどころか、無数の「非‐人間的」な祖先に遭遇せざるをえない。要するに、私たちがサルと共通の祖先を有していることは、ダーウィンの理論にもとづく「仮説」ではなく、化石によって裏づけられた「事実」である。ダーウィンはただたんに、ほかの誰よりも早くそのことに気がついた、というだけの話である。これはあらゆる生物に当てはまる。動物も、植物も、**細菌**も、自身とは異なる姿の祖先から進化したのであり、時間をさかのぼればさかのぼるほど、現在の姿との隔たりは大きくなる。

だが、一九世紀末には、この分野の蓄積はごくわずかで、人びとの意識は偏見にまみれていた。当時の研究者は化石から、植物相や動物相が時間とともに移ろうことを学びとった。しかし、人間の骨の外観が時間とともにどのように変化したのか、化石から証明できるとは思っていなかった。いわゆる失われた環《ミッシングリンク》、私たちには想像することしかできない未知の祖先の姿を、化石から推定しようという発想はなかったのである。

人類の化石がはじめて発見されたのは一八五六年、『種の起源』が刊行される三年前のことだった。かの有名な、ネアンデルタール人の化石である。だが、その素性にかんしては、ほんとうに太古の人類なのか、それとも奇形の現代人に過ぎないのかという点をめぐって、激しい議論が交わされた。孤立の度合いを深めつつあったとはいえ、進化論をまるごと否定する科学者はまだまだ存在した。また、ダーウィンの理論を総論としては受け入れても、われわれ人間の知的卓越性を鑑みて、人間にかぎっては、進化の労苦を知ることなしに現在の姿になったのだと考える者もいた。

私はなにも、信仰に凝り固まった原理主義者の話をしているのではない。科学や医療の世界の第一人者のなかにも、そうした立場を採る者がいたのである。ドイツの偉大な病理学者ルドルフ・フィルヒョーは、ダーウィンの理論は社会の道徳的基盤にたいする攻撃であると断じ、一八七七年に次のように書いている。

中間的な形態などというものは、夢でも見ているのでなければ想像のしようがない［……］。サルだろうと、そのほかなんらかの動物だろうと、人間がそうしたものの子孫であるとする考えを、確固たる事実として教えたり、受け入れたりすることは、どだい無理な相談である。

トーマス・マンの最後の小説『詐欺師フェーリクス・クルルの告白』の登場人物も、同じような考えの持ち主である。「ヴェノスタ侯爵」を詐称するフェーリクス・クルルは、リスボン行きの列車の食堂車で、古生物学者のクックック教授と知り合いになり、最新の科学的知見を仕入れている。

「しかし、よく言われていることですが、人間はサルから派生したのですか？」
「親愛なる侯爵、むしろこう言った方が適切でしょう。人間は自然から派生し、自然のうちにその根がある、と。解剖学的な見地から言って、人間が高次のサルと似ているからといって、そこにあまり深い意味を見いだすべきではありません。ブタの皮膚やまつげのある青い瞳は、どんなチンパンジーよりも人間に似ているではありませんか。［中略］自然発生は一度だけではなく、三度起こりました。無からの存在の湧出、存在からの生命の発現、そして人間の誕生です」

これはまさしくフィルヒョーの見解だが、その限界は読者の目にも明らかだろう。進化を受け入れないのなら、そして、人間はサルともブタとも同じくらい近いというのなら、地上における生命の歴史がたどった三つの段階（無から存在が生じ、存在から生命が生じ、最後に人間が生じたという三段階）をどう理解したらいいのか。フィルヒョー（そして彼を支持しているらしいクックック教授）は、なおいっそう理解不能な概念、すなわち、「自然発生」なるアイディアを持ち出して、自分たちの説を正当化しようとしている。

なんにせよ、マンの小説のこの場面は、二〇世紀前半、人間の進化をめぐる議論が、一部の専門家集団の内部にとどまらず、教養ある市民層のあいだで広く交わされていたことを証言するものである。

フィルヒョーの論敵で、ダーウィンの進化論を熱烈に支持していたのが、自然学者にして優れた画家でもある、ドイツ人のエルンスト・ヘッケルである。サルとヒトをつなぐとされる、なおも未発見であったそのミッシングリンクを、気の早いヘッケルは「ピテカントロプス」と名づけていた。「世紀の終わりごろには、チャールズ・ダーウィン自身の手になる文章も含め、ほかのどんな資料と比較しても、彼〔訳注：ヘッケル〕の文章を通じて進化論に触れる読者がもっとも多かった」と、科学史家のロバート・リチャーズは書いている。

ヘッケルの献身的な仕事はめざましい成果をあげた。オランダの医師で、ヘッケルの熱心な読者だったユージェーヌ・デュボワは、自分こそが、かの有名なミッシングリンクの発見者になろうと心に決めた。アムステルダム大学に勤めていたデュボワは、すでにヨーロッパで発掘作業に取り組んでいたが、ヒトの起源はどこか別の土地、より正確には、熱帯地域に探し求めるべきだと確信していた。

かくして、デュボワは大学の職を辞して調査隊に加わり、妻や子どもと連れだって、オランダ領東インド、現在のインドネシアに向けて出発した。熱帯雨林での調査は過酷をきわめた。多くの同僚は逃げだし、一名の死者を出す事態となったが、それでもデュボワは屈しなかった。まずはスマトラ島で、次にジャワ島で発掘作業の指揮をとった。

そして一八九一年、ジャワ島のトリニールで、鉄の意志にふさわしい見返りとして、歯と、頭蓋冠と、大腿骨を発見する。現在はライデン（オランダ）の博物館で保管されているこれらの化石を、デュボワは「ヒトとサルの中間」に位置する種のものだと判断した。デュボワは当初、それをアントロポピテクスと呼んでいたが、のちに、ヘッケルが考案した名称であるピテカントロプス・エレクトゥスを採用することとなる。「エレクトゥス」をめぐる物語はその後、幾度も劇的な展開を迎えることになる。

ヨーロッパに戻ったデュボワだったが、凱旋《がいせん》将軍のような帰還とはいかなかった。彼の発見にたいしては、数多くの疑念が提示された。ジャワの化石は奇形の人間の骨だと言う者もあれば、ただ単純にサルの骨だと言う者もいた。不幸な成り行きにより、デュボワ自身もまた、状況の悪化にひと役買ってしまった。ジャワ原人は「テナガザルに似ている」と、自分の文章のなかで書いているのである。本人としては、解剖学的に見てサルに近い要素があることを強調したいだけだったのだが、結果として、それはたんにサルの骨なのではないかと疑う陣営をアシストすることになった。

ある意味では、すでに物故していたダーウィンも、デュボワとは相容《あいい》れなかった。われわれにもっとも近い「親戚」であるゴリラとチンパンジーは、アフリカに生息している。となれば、私たちの種もアフリカで生じたと考えるのが妥当であると、ダーウィンは書いている（そして、この点にかんしてもやはり、ダーウィンは正しかった）。アフリカではなくアジアでミッシングリンクが発見されたというのは、ダーウィンの熱心な信奉者であっても、おいそれとは受け入れがたい事実だった。実際には、ミッシングリンクはひとつではなく複数存在するのだが、当時は誰もそんなことは想像できなかった。時代がくだるにつれてその仕事の価値が認められるようになるとはいえ、デュボワは科学界で孤立を深め、嘆きとともに老いていった。

分類学の大いなる混乱

だが、その後も発掘は進められ、多くの骨が出土した。ジャワだけでなく、北京の周口店《しゅうこうてん》でも重要な発見があった。北京で見つかった化石は当初、シナントロプス・ペキネンシス（北京原人）と呼ばれていた。しかし、ピテカントロプスとシナントロプスはたがいに異なる種と属にくくられるのか、あるいは、同じ種の仲間同士なのか？　二〇世紀のなかごろまで、この疑問に答えられる者はいなかった。人類をめぐる分類学は、大いなる混乱に支配されていたからである。

分類学、すなわち、生物を科学的に分類する学問は、一八世紀、スウェーデンの植物学者カール・フォン・リンネの仕事をもって始まったとされている。リンネはあらゆる生物に姓と名を、すなわち、**属**と**種**を与えようとした。ホモ・サピエンス、フェリス・カトゥス（ネコ）、クエルクス・ロブル（ヨーロッパナラ）といった具合である。ここに挙げた例では、ホモ、フェリス、クエルクスが「姓（属）」に、サピエンス、カトゥス、ロブルが「名（種）」に相当する。属は、より大きなカテゴリーである科に含まれ（私たちはヒト科）、科は目《もく》に（私たちは霊長目）、目は綱《こう》に（私たちは哺乳綱）、綱は門に（私たちは脊椎動物門）、門は界に含まれる（ここで、ちょっとしたお知らせがある。ある年代より上の読者は、私たちヒトは「動物界」に属すと学校で教わったはずだが、いまでは細菌を別として、動物も植物も「真核生物ドメイン」の一員ということになっている）。

だが、ほとんどすべての同時代人と同じく、リンネは創造説を支持していた。これはつまり、種はつねに同じ姿をしており、永遠不変であるとする考えである。したがって、リンネの時代、分類学の仕事は膨大ではあったとはいえ、やるべきことはシンプルだった。神が創造したさまざまな種に、正しいラベルを貼ってやればよかったのだ。

しかし、ダーウィンや、彼に先立つラマルクの仕事を通じて、種は時とともに変化すること、時間的に先行する種から「進化」することが、徐々に理解されるようになった。したがって、属、科、目はたんに、たがいに似かよっている生物の集合体というだけでなく、そうした類似の起源である、共通の祖先を訪ねるための手がかりにもなるのである。『種の起源』の末尾近くで、ダーウィンはきっぱりと言い切っている。「分類は、あくまで可能な範囲でのことではあるが、系譜学となるだろう」。もちろんこれは、言うは易し、行うは難しの事業だった。ごく最近、生物のＤＮＡを比較対照することができるようになってはじめて、ある種と別の種がどの程度まで類似しているかを測定する、主観的でない系譜学が構築された。ともあれ、ダーウィンの議論と遺伝学の発見が合わさることで、二〇世紀が終わるまでには、生物は自然選択に導かれ、段階的に発達したという考えが定着した。

かつての古人類学者は、こうして議論のすべてについて無知だったか、あるいは気にもとめていなかった。それも仕方のない面はある。古人類学者とは解剖学の分野で修練を積んだ人たちであり、ひとかけらの小片しか残っていなくともそれがなんの骨か識別できるところに、その専門知の価値があった。そういうわけで、リンネの分類学を奉じる時代遅れの専門家たちは、誰かにむりやり目を覚ましてもらうまで、新しい骨が見つかるたびに新しい名前をひねり出す作業を続けていた。一九五〇年には、ヒト属の数はじつに一五まで膨れあがっていた。アウストラロピテクスからホモへいたるまでには、すでに言及したピテカントロプスやシナントロプスに加えて、パラエオアントロプス、プロタントロプス、アフリカントロプスを経なければいけなかった。動物学者や植物学者であれば、顔をしかめずにはいられないような数字である。

いい加減、顔をしかめるのにも飽きてきたころ、ニューヨーク近郊にあるコールドスプリングハーバー研究所で学会が開かれた。会場に集まった古人類学者は、進化論の主たるスポークスマンが既存の分類を木っ端みじんにする発表を聞きながら、まずは困惑の、やがて諦観の表情を浮かべた。なかでもいちばん手厳しかったのが、エルンスト・マイアーだった。やはりドイツ出身で、半世紀以上をハーヴァード大学で過ごしたマイアーは、**種という生物学的な概念**を定義して、近代的な分類学の基礎を確立した学者だった。たとえば、ロバとウマは別の種に属している。なぜそれがわかるかと言えば、ロバとウマを交雑させて生まれるラバ（雄ロバと雌ウマの雑種）やケッティ（雌ロバと雄ウマの雑種）には、生殖能力がないからである。これが、マイアーの考える「種」の概念だった（この概念の限界については、最終章で検討する）。コールドスプリングハーバーの学会でマイアーはこう主張した。目下のところ流通しているヒト属のさまざまな名称を、すべて正当なものとして受け入れてしまっては、人類は目まいがするほど複雑な進化の過程を歩んだということになる。だが、進化がそんなにも複雑であるはずはなく、それらの名称はすべて的外れである。人類の進化にかんしては、単一の属と、三つの種だけを考えれば事足りる。すなわち、ホモ・トランスヴァーレンシス（今日の私たちがアウストラロピテクスと呼んでいる種）、ホモ・エレクトゥス、ホモ・サピエンスの三つである。言い方を換えるならマイアーは、ジャワ原人、北京原人、さらにはアフリカやヨーロッパで発見されたそのほかの化石も含む、ホモ・エレクトゥスという新たなカテゴリーを創設したわけである。それだけではない。彼の見立てによれば、これら三つの種は段階的かつ必然的な変化をこうむりながら、トランスヴァーレンシスからエレクトゥス、そして、もっとも高次な種であるサピエンスへと、順繰りに進化していったと考えられる。

マイアーが古人類学者に提案した目を見張るような単純化は、無益で気まぐれなラベルの山を一掃したという意味では価値があった。だが、その後の数十年間で徐々に新たな化石が発見されるにつれて、マイアーの単純化にも問題があったことがわかってきた。議論が極端から極端へと振れることで、ある形態から別の形態への人類の進化は、直線的でも必然的でもなかったという事実が覆い隠されてしまったのである。脳みそはかならずしも、年代に沿ってだんだんと大きくなったわけではないし、いくつかの種は袋小路に迷いこんで、そのまま絶滅した。ネアンデルタール人のように、脳の容量がたいへん大きい種であっても、絶滅したケースはある。マイアーは、環境の異なる遠く離れた土地（寒冷なステップ気候の中国北部と熱帯雨林気候のインドネシア、さらにはアフリカやヨーロッパ）に生きていた人類の化石を、たがいに形が似ているからという理由で、ホモ・エレクトゥスとしてひとまとめにした。だが、それらはおそらく、違う名前を与えられてしかるべき化石だった。現在では、ホモ・エレクトゥスに含まれるのは、北京原人とジャワ原人だけである。

このカテゴリーについて詳しく見ていく前に、私が以前、フィレンツェでイアン・タッターソル（第3章参照）と食事したときのことを話しておきたい。そろそろデザートかというころ、私はタッターソルに、マイアーが当時の学術界にあれほど大きな影響を与えたのはなぜだと思うか尋ねてみた。マイアー自身は、生涯を通じて、人類の頭蓋骨を手にとったことは一度もないだろうとタッターソルは断言した。マイアーは鳥類の専門家であり、人類にかんする知識は乏しかった。だが、それまで誰も考えたことのなかったようなマイアーの議論の力が、その表現の辛辣《しんらつ》さと相俟《あいま》って、古人類学者を茫然《ぼうぜん》自失させたのではあるまいか。

コールドスプリングハーバー以後、古人類学者は長きにわたって、種を命名する作業に及び腰になった。間違いを犯すことを避けるべく、化石について語るときは、それが発見された土地の名前だけを用いるようにした。いくつかの事例では、それは妥当かつ不可避の判断だった。この文章を書いている私にしても、ジャワや北京で見つかった化石について語るときは、地名だけを用いている。

だが、分類学という分野は、正確無比な科学にはなりえないとしても、方向性を見定める上ではじゅうぶんに有用である。タッターソルの見解では、人類の歴史がたどった進化のさまざまな道筋を把握するための、よりバランスのとれた見取り図が、徐々に形成されつつある。人類の進化は直線的ではなく、多くの試みが同時並行で展開されてきた。そのなかで、いまなお継続している唯一の試みが、われわれホモ・サピエンスである。

火の発見

このあたりでホモ・エレクトゥスに話を戻そう。アフリカとヨーロッパの化石（トゥルカナ・ボーイに代表される、現在では**ホモ・エルガステル**に分類される化石と、次章で論じる**ホモ・ハイデルベルゲンシス**の化石）を除外しても、ホモ・エレクトゥスという種はきわめて長いあいだ地上に存在していた。ヤフディ・ザイムの研究チームが計算したところでは、ジャワ島のなかでもサンギランで出土したものは一五〇万年前から九〇万年前のあいだ、トリニールで出土したものは五四万年前から四三万年前のあいだ（かつては、もっとも古いケースで九〇万年前とする説もあった）、ガンドンで出土したものはほんの一〇万年前の化石と見積もられている。これらの分析から、ホモ・エレクトゥスは数十万年の長きにわたって、この島に生息していたと考えられる（ただし、ホモ・サピエンスがこの土地にやってきたタイミングと重なってはいないため、エレクトゥスが絶滅したのは私たちのせいではない）。中国で発見されたエレクトゥスは、どうやら八〇万年前ごろにやってきて、二八万年前まで生息していたようである。要するに、ジャワと北京で見つかったふたつのエレクトゥスのグループは、もとをたどれば、アフリカからともに出てきたひとつの集団だったのだろう。それが、アジアのどこかで別々の道を進み、それぞれ別個に進化して、別個に絶滅したのである。ここで、事情をさらにややこしくする、謎をはらんだ歴史的経緯にも触れておきたい。

一九二〇年代以降、周口店の発掘現場からは約四〇個のエレクトゥスの骨が見つかり、それらは北京協和医学院で保管されていた。一九四一年、日本軍による略奪を警戒し、化石はふたつの大きな木箱に収められた。近くの港に停泊しているアメリカの船に積みこんで、ニューヨークまで運ばせる予定だったが、木箱は途中で姿を消した。移送中に日本軍に接収されてどこかに捨てられてしまったのか、あるいは、無事に船に運びこまれたもののその船が沈んでしまったのか、真相は定かではない。ひょっとしたら、骨は細かく砕かれて、漢方薬の材料になったのかもしれない。周口店では、戦後も引きつづき化石が発掘された。だが、散逸した初期の収集物は、現代と比較すればまだまだ未熟な、二〇世紀前半の手法でしか研究されずに終わった。

そうは言っても、これらの化石から判明したことは数多くあった。現在では、かつてマイヤーがホモ・エレクトゥスのカテゴリーに含めたアフリカやヨーロッパの形態が除外され、エレクトゥスという種の輪郭はより明確になった。「直立した《エレクトゥス》」という呼称のとおり、その骨格は直立歩行に適した特徴をあまさず備えている。先行する種よりも大型で、なかには一メートル八〇センチを超えていた個体もある。

同様に、脳みその容量も先行の世代より大型化している。現生人類やネアンデルタール人には遠く及ばないとはいえ、エレクトゥスの脳は平均して、およそ一〇〇〇ｃｃの大きさに達していた。ジャワでは、生後一年ごろに死亡したと思われる子どもの頭蓋骨が発見されている。内部の容量を調べると、すでに大人の四分の三程度まで発達していた。

子どもの認知能力が速やかに高水準に達することは、生きのびる上で有利な特徴に思えるかもしれないが、実際にはそうではない。たとえば仔《こ》ウマは、生まれた直後から自力で歩くことができ、親の世話を必要とする期間はきわめて短い。ヒトの子どもは、その正反対である。だが、この長い幼少期、すなわち、子が親に依存して過ごす段階こそが、私たちの種を特徴づける、親から子への文化の継承を可能にしている。「延長された幼少期」を通じて、経験は世代から世代へと受け継がれる。おかげで私たちは、なにもかもを一から学びなおさずに済んでいる。ホモ・エレクトゥスの脳が速やかに発達したということは、その幼少期が短かったということと同義であり、それは（私たちホモ・サピエンスから見れば）ハンディキャップにほかならない。

脳みそが大きくなれば消費カロリーも多くなる。つまり、たくさんの食べ物が必要になる。ホモ・エレクトゥスの発掘現場周辺では、サイ、ゾウ、ウマ、イノシシなど、大型哺乳類の骨が発見されている。どうやら、エレクトゥスの食生活は、動物性タンパク質に基礎を置いていたらしい。かつては、中東地域におけるエレクトゥスの絶滅を、ほぼ同時期に起きたアジアのゾウ（学名はパレオロクソドン・アンティクウス）の絶滅と関連づけて考える研究者もいた。あくまで推測ではあるが、エレクトゥスの共同体は、ゾウがいなくなったのであればそのほかの食べ物で間に合わせようとしたことだろう。七〇万年前、現在のイスラエルに相当する土地では、クルミ、植物の種子、イモ類の塊茎《かいけい》が食されていた。海岸に近い土地では甲殻類や軟体動物の、湖に近い土地ではワニやナマズの残骸《ざんがい》が見つかっている。これらの動物のなかには、革のように硬い肉をもつものが多いが、少なくとも四〇万年前から三〇万年前ごろには、ホモ・エレクトゥスはそうした肉を柔らかくする方法を見つけていたらしい。その方法とは、料理である。

定説では、火の発見はホモ・エレクトゥスの功績とされている。周口店には、表面が黒ずんで、地中に炭素が含まれる洞窟が存在する。おそらくここで、木が燃やされていたのだろう。エレクトゥスが火を起こす技術をもっていたのか、それとも、雷に打たれて火がついた木を回収して、それが消えないように保持していただけなのかは定かではない。加えて、エレクトゥスに先行する別の人類が火を使用していたかどうか、はっきりとしたことは誰にも言えない。通常、火の使用の痕跡は、すぐさま消え去ってしまう。ともあれ、私たちはここで、歴史の転換点に立ち会っている。火のおかげで、私たちは体を温めたり、暗がりを照らしたり、動物を遠ざけたり、より機能の高い道具を作ったりすることができるようになった。そして、火がもたらしたもっとも大きな恩恵のひとつが、料理である。

食事の内容が火の通った食物に移行したことは、人間の脳の発達にとって根本的な役割を果たした可能性がある。すでに一八七六年の段階で、あのフリードリヒ・エンゲルスが、「サルからヒトに変化するにあたって労働力が果たした役割」という論文のなかでそのような見解を提示している。もちろん、二〇世紀に入ってから化石や遺跡がどれだけ発掘されるかは、エンゲルスには知るよしもなかった。だが、ハーヴァードの霊長類学者リチャード・ランガムによれば、エンゲルスの推論は正しかった。

ランガムはまず、食べ物に火を通すことにどのような利点があるか、正確に把握しようとした。食べ物に火が通っていることは、事前にある程度まで消化が進んでいるのと同じことなので、エネルギーの節約になる（いくつかの研究によれば、消化に要するエネルギーは三五パーセント削減される）。あるいは、火を通すことで、食材の可食部がより広範になるという見方もできる。さらに、高温で調理することで細菌が死滅するという、衛生面の利点もある。いずれにせよ、火の通った食べ物を消費している者の方が、非加熱の食材を食べている者（たとえば、オーストラリアの先住民には、食事内容の八七パーセントが生《なま》の食材で構成されているグループがある）よりも肉体的に優れたパフォーマンスを発揮するということは、客観的な事実である。ホモ・ハビリスからホモ・エレクトゥスへの形態の変化にともない、肉体と脳の双方が大型化したのは、食べ物に火を通すことで、使用可能なカロリーの総量が増大したからだとランガムは解釈している。もしこの議論が正しいなら、この技術革新（火の定常的な使用）は、ひとりホモ・エレクトゥスの功績というよりは、さまざまな形態の人類が、それぞれに異なるタイミングで成し遂げたのだと考える方が妥当だろう。

サピエンスの祖先なのか？

最後にひとつ、残された疑問がある。けっきょく、エレクトゥスとは何者だったのか？　ただたんに絶滅して終わったのか、それとも、後代の人類の形態になんらかの痕跡を残しているのか？

マイアーはエレクトゥスを、私たちサピエンスとネアンデルタール人の共通の祖先だと主張したが、現在ではこの説は否定されている。だが、マイアーのこの考えは、約四〇年にわたって一定の成功を収めたある学説、**多地域進化説**の根拠となった。この学説にはひとこと言及しておく価値がある。それは、いまなお通用している学説だからではなく（この学説はすでに反証されている）、科学的な発見と、そうした発見をもとにした理論上の論争が、どのように手を取りあって進むのかを理解するのに役立つからである。

一九三〇年代、エレクトゥスと現代の中国人のあいだに認められる形態の類似に注目が集まった。とりわけ研究者の関心を引いたのが、へら状の門歯《もんし》だった。この類似から、エレクトゥスはアジア人の直接の祖先であるという仮説が生まれた。同じように、ネアンデルタール人はヨーロッパ人の祖先であり、アフリカ人は、はっきりとは特定されない太古の人類から生まれたということになった。このように、ホモ・サピエンスという種は、三つの異なる地域（この学説の別のバージョンによっては五つ）で別個に進化したと考えられる。これが、多地域進化説である。

この仮説にはさまざまな反論が寄せられた。第一に、三つの種がひとつの種（この場合はサピエンス）に収斂《しゅうれん》するという現象は、動物界全体を見まわしてもほかに例がない。すでに私たちも見てきたとおり、複数のグループに分かれたあとは、差異が増大するのが通常の過程である。それなのに、最終的にひとつになるほどたがいに似かようなどということが、はたしてありえるのか。

アルゼンチンの人類学者マルタ・ミラゾン・ラールは、過去と現在の世界中の頭蓋骨を比較検討した結果、太古のアジア人（つまりエレクトゥス）と現代のアジア人の門歯の類似に、そこまでの重要性を見いだす必要はないと結論づけた。異なる大陸から出土した異なる時代の化石のあいだにも、形態上の明らかな類似点はいくつも認められるのである。

多地域進化説へのとどめの一撃、棺《ひつぎ》へ打ちこまれる最後の釘《くぎ》は、遺伝学の分野からもたらされた。ホモ・エレクトゥスにかんしては、ＤＮＡを採取して研究することに成功した者は誰もいない。だが、ネアンデルタール人のＤＮＡについてはすでに研究が進められている。その結果、進化の系統樹において、ネアンデルタール人は現代のヨーロッパ人ともアジア人とも等しく離れた位置にいることがわかっている。要するに、ネアンデルタール人はすべてのサピエンスの「従兄姉《いとこ》」であり、ヨーロッパ人だけの祖先というわけではない。

現在では、アフリカに起源をもつ人類（この人たちについては次章以降で詳しく論じる）が世界に広まり、ホモ・サピエンスを生んだというところまではわかっている。近年主流となっている、人類の起源をアフリカに求める学説は、**アフリカ単一起源説**の名で知られている。この学説の細かい部分にかんしては、いまだ議論の余地がある。だが、私たちがみなアフリカに起源をもつという点は、もはや疑いようがない。ここでは、ホモ・エレクトゥスの出番はない。現生人類の直接の祖先に、エレクトゥスは該当しない。きわめて長い時間、波乱に満ちていたに違いない時間をこの地上で過ごしたあと、エレクトゥスはただ絶滅し、姿を消したのである。

第5章

系図のジャングル

ホモ・ハイデルベルゲンシス

シュタインハイム　35万年前

サピエンスとネアンデルタール人の祖先の候補

そういうわけで、エレクトゥスには別れを告げよう。私たち（サピエンス）の祖先は、エレクトゥスではない。なら、いったい誰が祖先なのか？

いまなお生き残っている唯一の種（サピエンス）とすでに絶滅したたくさんの種が、どのような系図を形づくっているのかという問題は、たいへんに込み入っており、そう簡単には解決できない。「系統樹」という言葉があるが、人類の系図はむしろ「ジャングル」と言った方が適切である。

それでも、議論することに意味がないとは言えない。本書口絵の女性は、私たちの祖先として名乗りをあげる正当な資格を有している。化石が発見されたのはドイツのシュタインハイム・アン・デア・ムルで、生きていたのは約三五万年前と推定されている。現生人類と比較すると、まだ相当にあごが大きく、その先端は（現生人類と違って）とがっていない。要するに、私たちと似ているところもあれば、そうでない部分もある。だが、目につく箇所から指摘するなら、これまで見てきた肖像とくらべて、だいぶ額が広くなっている。これは、脳の容量や形態が私たちに近づいてきていることの証《あかし》である。容量は一〇〇〇ｃｃであり、先行するいずれのヒト属よりも大きい。

その結果、なにが起きたか。彼女やその仲間たちは、とがった石を手にもって、道具として使っていた。それは、トゥルカナ・ボーイに代表されるホモ・エルガステル（第2章参照）の生息地で発見された石器よりも、鋭利で手の込んだ作りだった。脳の大型化にともなって、テクノロジーも進歩したというわけである。

やはりドイツのシェーニンゲンでは、三〇万年前のものと推定される、モミやマツの木でできた投げ槍《やり》が発見されている。ふたつの理由から、これは驚くべき発見だった。ひとつには、木製の遺物がこんなにも長期にわたって形をとどめていることはめずらしいからであり、もうひとつには、こんなにも古い「飛び道具」はそれまで知られていなかったからである。この投げ槍を作るには、火を使う必要がある。**ホモ・ハイデルベルゲンシス**は、離れた場所にいる獲物（シェーニンゲンではウマの骨も見つかっている）を射るための道具を作製していただけでなく、その道具を鋭利にしたり、そのほかさまざまな目的のために、火を使用する段階にまで到達していたということである。

写真の女性にかんしては、ひとつ気の毒な報《しら》せがある。彼女は脳に腫瘍をわずらっていた（髄膜腫《ずいまくしゅ》と思われる）。それでも彼女が笑っているのは、髄膜腫は進行が緩慢であるため、そのせいで苦しんだわけでも、それが原因で死んだわけでもないからだろう。

名前に惑わされないようにしよう。この種が「ハイデルベルゲンシス」と呼ばれているのは、最初の化石がドイツのハイデルベルクで発見されたからだが、同じ種に属す仲間は、アジアやアフリカを含め、多くの土地に暮らしていた。

まさしくこの点が、ハイデルベルゲンシスの特徴である。前章でとりあげたエレクトゥスは候補から除外するとして、サピエンスとネアンデルタール人の共通の祖先は、ヨーロッパの形態（すなわちネアンデルタール人）とアフリカの形態（すなわちサピエンス）の双方に進化するために、広範な地域に生息していたと考えられる。トゥルカナ・ボーイ、つまりはホモ・エルガステルと形態上の類似があれば、祖先の候補としてなお有力になる。というのも、エルガステルから進化した種が、サピエンスとネアンデルタール人の祖先に相当するはずだから。ハイデルベルゲンシスはこれらの条件を備えている。研究が進むにつれて、同じような特徴をもつ化石がひとまとめにされていった。ローマのそばの、チェプラーノの化石（四五万年前）。ギリシアのハルキディキ半島、ペトラロナの化石（七〇万年前）。南フランスのアラゴの化石（おそらく五〇万年前）。中国の大茘《だいれい》および金牛山《きんぎゅうさん》の化石（いずれも約二六万年前）。ザンビアのカブウェの化石（六〇万年前）。エチオピアのグレートリフトバレーにあるボドの化石（六〇万年前）。そこに、ハイデルベルクの化石（六〇万年前）とシュタインハイム・アン・デア・ムルの化石（三五万年前）が加わる。

　だが、ホモ・ハイデルベルゲンシスについてもっとも多くを語っているのは、スペインの発掘現場であるアタプエルカ、とりわけ、シマ・デ・ロス・ウエソス（「骨の洞窟」の意）から出土した化石である。そこでは一九九〇年代以降、約四三万年前のものとされる無数の骨が発見され、それらは少なくとも、二八の個体に属することが判明している。いずれも、そこまでの長命ではない。一体だけ、死亡時に四五歳を超えていたと推定される個体があるきりである。いくつかの頭蓋骨はたいへん大きく、現生人類と比較しても遜色ない容量の脳みそをもっていたことがわかる。発掘現場からは動物の骨、とりわけ、洞窟に生息するタイプのクマの骨も見つかっている。あまり好ましい隣人（隣獣？）とは言えないが、当時としてはほかに選択肢がなかったのだろう。

　人骨に話を戻せば、発達の過程で重大な病気（頭蓋縫合《ほうごう》早期癒合《ゆごう》症）にかかったと推測される、子どもの変形した頭蓋骨も発見されている。これは、赤ん坊の頭蓋縫合（骨と骨のつなぎ目）が正常よりも早く癒合（ふさがること）してしまう病気で、妊娠中に子宮に外傷を負うことで発症するケースが多い。そのような障害を負っていたにもかかわらず、この子どもは五歳前後まで生存している。つまり、日々の食料の確保さえ容易でなかった社会にあって、誰かがこの子の世話をしていたということである。もっとも、これはそこまで新奇な発見ではない。第3章で見たとおり、ホモ・ゲオルギクスのあいだにも、障害をもつ仲間を助けていたと思《おぼ》しき痕跡があるのである。

シマ・デ・ロス・ウエソスでは、誰もがたがいに慈しみ合って暮らしていたのだと早合点する前に、ひとつ言い添えておいた方がいいだろう。この土地では、世界でもっとも古い殺人の痕跡も発見されている。同地で発掘された「頭蓋骨17」は、額の部分にふたつの穴があいている。同じ角度から打ちこまれた、二度の突きによるものである。シマ・デ・ロス・ウエソスにおけるすべての重要な調査を指揮してきた、フアン・ルイス・アルスアガとエウダルド・カルボネルが率いる古生物学者のチームは、法医学の手法を用いて頭蓋骨を仔細《しさい》に検分した。そうして、ふたつの穴は肉食動物に噛《か》まれた痕《あと》ではないと判断した。仮に牙で噛まれたなら、容易に視認可能な痕跡がほかの部位にも残っているはずだが、頭蓋骨17にはそれらしき欠損が見当たらなかった。他方で、偶然の出来事が二回続き、ふたつの同一の痕跡を残したとも考えにくい。したがって、いちばん納得のいく説明は、この穴は殺意をもって穿《うが》たれたというものである。差し向かいの争いのなかで、同一の角度から二度にわたって、武器が打ちこまれたのだろう。要するに、障害を抱える仲間の世話にせよ、殺人にせよ、その起源は数十万年前までさかのぼれるということである。その意味でも、ホモ・ハイデルベルゲンシスは私たちの先駆者だった。

同じ場所に、こんなにも多くの化石が積み重なっていたのはなぜかという点については、これまで多くの議論が交わされてきた。アルスアガの研究チームは、四つの仮説を検討している。仮説1「なんらかの地理的現象、たとえば地下水の移動が原因で、この場所へ流れついた」。仮説2「この洞窟は、なんらかの肉食獣が獲物を引きずっていって、落ちついて食らうための巣だった」。仮説3「これら二八の個体は誤って洞窟のなかに転落したか、なにものかが仕掛けた罠《わな》にかかった」。仮説4「共同体の仲間の手で、意図的に埋葬された」。すでに、仮説1と2の可能性はほぼ消えている。したがって、考えられるのは、ホモ・ハイデルベルゲンシスは危険に満ちた生活を送っており、穴への転落によって命を落とすことがたびたびあったか（そうなると、「頭蓋骨17」は、穴に投げ入れられた誰かの骨であると考えられる）、あるいは、四三万年前にはすでに、決まった場所へ遺体を集める習慣があったかのどちらかである。後者であれば、シマ・デ・ロス・ウエソスでは、葬送の儀式が行われていたということなのか（言い換えるなら、死後の生のようなものを想像できるだけの知性を、この地の住人は備えていたということなのか）。これはきわめて繊細なテーマであり、読者にはたいへん申し訳ないが、ここで深く立ち入ることはできない。

そのかわりと言ってはなんだが、ホモ・エルガステルについての章（第2章）で軽く触れただけの話題を、ここであらためてとりあげてみよう。進化の過程で、私たちの脳（ないし、脳を収めている頭蓋骨）は非対称になった。脳の右半球と左半球は、鏡に映したようにすっかり同じ形をしているわけではない。この非対称性が増大するにつれて、私たちは片方の手を、もう一方の手よりも頻繁に使うようになった。ある人物が右利きか左利きかを判定するには、その人物がどのように振る舞うかを見れば良い。ただ、この判別方法にはひとつ難点がある。判別の対象が生きていないことには、観察のしようがないのである。

太古の死者の利き手を判定するには、脳みそや、石器や、（いくぶん意外に思われるかもしれないが）歯の損耗を調べる必要がある。頭蓋骨をCTスキャンやMRIで調べれば、ふたつの脳半球のあいだに認められるわずかな差異も特定できる。石器と利き手になんの関係があるのかというと、多くの場合、石を道具に変えるに当たって生じた引っかき傷を見れば、それがどちらの手によるものなのか、判別が可能だからである。似たようなことが、歯についても言える。私たちの祖先は、食べ物を噛むためだけでなく、手仕事の補助にも歯を使用していた。このような作業に従事しているとき、石の破片が飛びちって歯に当たると、歯には小さな痕跡が残される。当人は気づきもしないか、はたまた、先史時代風の悪態をつくかして、それから作業に戻ったことだろう。シマ・デ・ロス・ウエソスの二〇の個体を顕微鏡で調べた結果、一九体が右側の歯列に微細な傷を有していた。つまり、この人たちは、左手と歯で素材を支え、右手で作業していたと考えられる。頭蓋骨と道具をめぐる数多くの研究を通じて、数万年（あるいは数十万年）という歳月を経るうちに右手の優先的な使用が確立されていったことが判明した。

もうひとつ、興味深い事実を付け足しておこう。シマ・デ・ロス・ウエソスで発見された歯の化石にはことごとく損耗が認められたが、そこには四歳の子どもの歯も含まれていた。児童労働力の搾取という面でも、ホモ・ハイデルベルゲンシスは私たちの先駆者だった。

第三の種デニソワ人

そういうわけで、ホモ・ハイデルベルゲンシスは、サピエンスとネアンデルタール人の祖先の候補としては理想的な存在であるように見える。のみならず、じつを言えば、第三の種の祖先である可能性もある。それが、デニソワ人である。これまでどおり、どのような姿をしていたのかという再現像を掲げて、デニソワ人にかんしても一章を割くべきかもしれないが、そうしなかったのには理由がある。デニソワ人について知る手がかりは、ほとんどなにも残されていないのである。だが、ここは順を追って説明しよう。

デニソワ洞窟は、シベリアのアルタイ山脈にある。洞窟の名称は、一八世紀にそこで暮らしていたデニスという修道士に由来している。ロシアの考古学者は五〇年以上におよぶ発掘作業を通じて、これまで知られているなかで世界最古であろう針をはじめ、五万年前から三万年前のものとされる道具や、さらには人骨を発見した。これらの骨の多くは、サピエンスと（次章以降で詳しくとりあげる）ネアンデルタール人のものだった。だが、たいへん特徴的な外観の歯が二本見つかり、そのそばには小さな骨がひとつあった。調査の結果、それは小指の末節であることが判明した。

気温が高い土地とくらべて、シベリアのような極寒の地では、DNAが良好な状態で保存されていることが多い。この小指の骨から、人類学者にして遺伝学者でもあるスヴァンテ・ペーボ（これから先のページで、この人の名前は何度も登場することになる）は、きわめて保存状態が良いDNAを抽出することに成功したが、それはサピエンスのものとも、ネアンデルタール人のものとも異なっていた。デニソワ人はヒト属のなかで、解剖学的な見地ではなく（この観点からわかっていることはゼロに等しい）、ゲノム情報にもとづいて記述されたはじめての種である。DNAが伝えているところによれば、デニソワ人は私たちの親戚ではあるものの、ネアンデルタール人ほど近い関係にはないようである。ここで、技術的な論点について、短い寄り道をしておきたい。

DNAに記録された進化の時間

すでに書いたとおり、DNAが複製されるときにコピーミスが起きることがあり、これを**変異**という。変異はまれに、というか、ごくまれにしか起きないのだが、ここで考慮しなければならないのは、DNAの数が膨大だということである。仮に、卵子でも精子でも、一〇億回につき一回だけコピーミスが起きるとしよう。卵子にも精子にも、三〇億個の塩基が含まれるため、平均して三回の変異が起きることになる。そのあとになにが起きるかは、変異の結果次第である。変異の影響は大きいこともあれば小さいこともあり、いっさい影響がないということもある。ここで思い出しておきたいのは、DNAのうち、遺伝子が占めている割合はごく一部、おおよそ四分の一程度でしかないということである。この四分の一（遺伝子）に、私たちの体を構成するタンパク質を作るための手順が書きこまれている。

遺伝子の変異はタンパク質に変化をもたらし、この時点で、第2章で言及した自然選択のメカニズムが作動しはじめる。タンパク質の変化が良い方向に作用すれば、そのタンパク質の主《あるじ》は子どもにそれを引き継ぎ、子はまた子へとバトンをリレーしていく。つまり、新しいタンパク質は流通しつづけ、グループの生物学的多様性を高めるのに貢献する。反対に、うまく機能しなければ、そのタンパク質（および、それを生成した変異遺伝子）は自然選択の働きによって、遅かれ早かれ世界から姿を消す。自然選択の影響は、後代になって確かめることはできても、予見することは難しい。誰が誰の親戚なのか（どの種がどの種と近いのか）を理解するには、どこか別の箇所、遺伝子の外にある部分、つまり、自然選択に影響を与えない変異に目を向ける必要がある。

DNAの四分の一が遺伝子だと先に書いたが、では、残りの四分の三はなにからできているのか。それが、非**コード**DNAである。非コードDNAが被った変異は、自然選択に有利にも不利にも働かない。なぜなら、遺伝子が変異したときと違って、タンパク質にいっさい変化が起きないからである。このような事情から、それは「中立変異」と呼ばれている。

中立変異は時間の経過にともなって、ほぼ一定のリズムで蓄積されていくことが、多くの研究によって明らかにされている。そう遠くない過去に共通の祖先をもつ者同士（たとえば私たちとゴリラ）は、中立変異の違いもわずかだが、共通の祖先にたどりつくのにはるかに長い時間を要する者同士（たとえば私たちとカメ）は、たがいに蓄積されている中立変異が大きく異なる。非コードDNAを参照すれば、ひとつの種からふたつの種が枝分かれしたのはいつごろなのかを計測できる。これが、**分子**時計と呼ばれる手法である。実際、ＤＮＡの分子は、進化の時間を記録する時計のごとく機能している。ただし、分子時計の針は「秒」ではなく、ひとつひとつの「変異」ごとに刻まれる。

具体的に見てみよう。第1章で書いたとおり、ヒトとチンパンジーの共通の祖先は、およそ六〇〇万年前の地球に暮らしていた。仮に、ヒトとチンパンジーの非コードＤＮＡのある部位に一二個の違いが確認され、他方で、ヒトとゴリラのあいだには二〇個の違いが認められたとする。この場合、ヒトとゴリラが共通の祖先から分かれた年代は、次の比例式によって導かれる。

一二の差異：六〇〇万年＝二〇の差異：X

したがって、ゴリラと私たちが同じ祖先から分かれたのは、およそ一〇〇〇万年前ということになる。系統学上の関係にもとづいて動物と植物を分類する現代の分類学は、分子時計の手法を活用している。

そのようなわけで、私たちとネアンデルタール人のＤＮＡを比較すれば、共通の祖先から派生して以後、今日までにどれだけの時間が流れたのかを推定できる。計算には誤差が付き物だが、おおよそ五〇万年前から七〇万年前と見ておけば、大きく間違えたことにはならないだろう。この年代は、ホモ・ハイデルベルゲンシスがヨーロッパに生息していた時代と重なる。つまり、ハイデルベルゲンシスこそが、サピエンスとネアンデルタール人の共通の祖先であるという仮説とも矛盾しない。

問題は、より現在に近い年代に生きていたと考えられるハイデルベルゲンシスの化石が、数多く見つかっているという点である。なかには、二〇万年と少し前の化石もある。つまり、ヨーロッパのハイデルベルゲンシスはネアンデルタール人に、アフリカのハイデルベルゲンシスは初期サピエンスに変化したが、そのほかの土地のハイデルベルゲンシスは先祖の形態を維持したと考える必要が出てくる。これは理屈に合わないのではないか？

もっとも、研究が進むにつれて理解されてきたことだが、ある種がどこで終わり、別の種がどこで始まったのかを判断するのは、つねに問題含みの作業なのである。今回のケースのように、新しいものから古いものまでの年代の差が四〇万年、発掘現場が三つの大陸におよぶとなれば、問題はなおいっそう複雑になる。本章の冒頭で書いたとおり、私たちの系図はジャングルであり、なかでもホモ・ハイデルベルゲンシスは、扱いに注意を要する相当な難物である。とくにヨーロッパでは、ハイデルベルゲンシスの最後の世代と、最初のネアンデルタール人のあいだに、はっきりとした境界線など引きようがない。

二〇一六年、スヴァンテ・ペーボのチームが、シマ・デ・ロス・ウエソスの化石のＤＮＡから得られた最初のデータを発表したことで、いくつかの事実が明らかになった。これは比類ない成果だった。ＤＮＡが数十の塩基の断片にまで劣化している、こんなにも古いサンプルの調査に成功した研究は、過去に例がなかったからである。どれほどたいへんな作業だったかを想像してもらうために説明すると、ペーボのチームはこの発表のために、二本の大腿骨《だいたいこつ》、ひとつの肩甲骨、二本の歯の細胞から抽出した、三〇億を超えるＤＮＡの断片を分析しなければならなかった。

そうしてわかったのは、ハイデルベルゲンシスがネアンデルタール人と近い関係にある一方で、サピエンスやデニソワ人からはやや遠いということだった。よくよく考えてみれば、しごく当然の話ではある。シマ・デ・ロス・ウエソスの化石は、ホモ・ハイデルベルゲンシスの「ヨーロッパグループ」に属しており、おそらくはこのグループから、ネアンデルタール人が派生したのだろう。アフリカのサピエンスや、アジアのデニソワ人の祖先は、また別のグループのホモ・ハイデルベルゲンシスから探す必要がある。遠からず研究が進むことが期待されるが、ことによれば、まったく別の候補を探すことになるかもしれない。サピエンスがハイデルベルゲンシスから派生した種であるという説は、確定した事実ではないからである。

先駆者ホモ・アンテセソール

検討すべき問いはまだ残っている。ホモ・ハイデルベルゲンシスが、最初のヨーロッパ人なのか？これまで「おそらく」だの、「かもしれない」だのとばかり書いてきたが、たまにはきっぱりと断定してみよう。答えは、ノーである。

アフリカと同じくヨーロッパでも、二足歩行する生物の足跡が発見されている。場所はイギリスの東海岸、ヘイズブラという村である。この足跡は八〇万年の長きにわたって、堆積物の下に埋もれたままだったが、二〇一三年に地滑りが起きたことで日の目を見た。そのわずか二週間後には、満ち潮が足跡を消し去ってしまったのだが、それより前に大英博物館の研究者が３Ｄ画像の撮影を済ませていたため、せっかくの発見が完全に失われるということにはならなかった。

足跡が残された年代については正確にわかっているが、それが誰のものなのかはなんとも言えない。だが、可能性から言えば、アフリカにルーツをもつ人類であるとしか考えられない。ホモ・ハイデルベルゲンシスよりもずっと前に、誰かがヨーロッパを縦断して、現在よりも北方にあったテムズ川河口までたどりついていたということだろう（この時代はいまよりも海面が低かったため、徒歩でイギリスまで渡ることができた）。

最初のヨーロッパ人の外観を想像したいなら、アタプエルカに戻るといい。ただし、今度はシマ・

デ・ロス・ウエソスではなく、そこからすこしだけ離れた、グラン・ドリナとシマ・デル・エレファンテを訪ねること。そこで、きわめて古い化石が発見されているからである。

いちばん古いのは、いくらか歯槽の残っている下あごの小さな破片で、一二〇万年前のものと推定されている。このあごの主がどのような相貌をしていたのか、はっきりとしたことはわかっていない。同じく断片ではあるがより多くの部位が残っているのは、七八万年前の化石である。もっとも状態が良いのは、一〇歳前後で死んだと思しき子どもの化石である。これらの化石に固有の特徴から、ファン・ルイス・アルスアガはそれを、ホモ・ゲオルギクスとホモ・ハイデルベルゲンシスのあいだに位置する存在と捉え、ホモ・アンテセソールと命名した。「アンテセソール」とは、先祖、先駆者の意である。

おそらく、ヘイズブラの浜辺を歩いていた人類の親戚だろうが、証明することは難しい。生きていた年代を考えると、今後この化石から、分析に耐えるＤＮＡが採取されることはありそうもない。最初のヨーロッパ人の姿は、曖昧模糊《もこ》としたままである。

第6章

古代の一類型

ホモ・ネアンデルターレンシス

フェルトホーファー1号　4万年前

ネアンデルタール人と私たち

ネアンデル谷《タール》を太陽が照らし、この土地で生涯を送ってきた老人が目を細めている。いくぶん疲れているようにも見える、酸《す》いも甘いも噛《か》みわけた顔だ。人類の古生物学は、彼とともに生まれたと言っていい。正確には、彼が生まれたとき（四万年前）ではなく、フェルトホーファー洞窟で彼の頭蓋骨が見つかったとき（一八五六年）である。

時間の経過とともに、彼の地位はたいへんに向上した。チェコの画家、フランチシェク・クプカの手になる有名な絵（一九〇九年発表）では、彼は毛むくじゃらの獣として描かれていた。岩陰に潜み、巨大なこん棒を握りしめている。なにかよからぬことを企んでいるに違いない。二〇世紀初めの研究者は、ネアンデルタール人の非‐人間性を強調するのに余念がなかった。その影響を受けたのは、クプカだけではない。一九五三年になってもなお、アメリカのB級映画『ネアンデルタールマン（*The Neanderthal Man*）』のポスターは彼のことを、「半分人間《ハーフマン》、半分獣《ハーフビースト》」と表現している（実際、映画のなかでもそのように行動する）。ケニス兄弟による、愛がこめられたとさえ形容できる再現像は、そうした偏ったイメージとはまったく別物である。そこではむしろ、この太古のヨーロッパ人が、私たちとどれほど多くの共通点をもっていたかが強調されている。

なんと大きな鼻、なんと白い肌の持ち主だろう、「フェルトホーファー1号」と呼ばれるこの男性は。このふたつの特徴は、環境に適応した結果にほかならない。寒い土地（前章に引きつづき、私たちはまだドイツにいる。ただし今度はデュッセルドルフ近郊だが）では、息を吸ったあと、空気が肺におりていく前に広い鼻腔《びこう》で温められた方が、気管支炎にかかりにくくなる。肌の色については、あと数ページ先で、なぜ白かったことがわかるのかを説明し、もうすこし先の章で、白い肌にどのようなメリットがあるのかを解説しよう。

左腕は下に垂らしている。どのようにしてかはわからないが、骨を折ったことがあるようだ。折れた部分がうまくつながらなかったため、腕をまっすぐに伸ばすことはできない。もう片方の腕で、体重を支えている。おそらく杖《つえ》か、あるいは槍《やり》をもっているのだろう。仮に槍だったとして、彼にそれを投げることができたのかどうかは定かでない。事実、ヨーロッパであれアジアであれ、ネアンデルタール人の化石が発見されているどの土地でも、ホモ・ハイデルベルゲンシスが狩りに使っていたような投げ槍（およそ三〇万年前のもの。第5章参照）は見つかっていない。もちろん、木は速やかに劣化するから、ネアンデルタール人が槍を使用していたとしても、私たちの時代まで残っている可能性は低い。だが、槍が見つからない理由は単純に、ネアンデルタール人が槍を使っていなかったからだとも考えられる。

ネアンデルタール人の腕の構造に着目すると、彼らは飛び道具は使っていなかったのではないかと思わせる、ふたつめの理由が浮かびあがる。ふつう、私たちの上腕骨には、楕円《だえん》の形状をしている部位がある。腕をまわして物体を高く投げることを長期間にわたって続けていると、腕に負荷がかかり、よりがっしりとした腕に作り変えられていく。たとえば槍投げのアスリートや、あるいは野球選手の身に起きることだが、頻繁に腕を使っていると、腕が円形に近づいていく。だが、ネアンデルタール人の上腕骨は（初期のサピエンスと比較しても）明確に楕円形である。そのほかの解剖学的特徴も併せて考慮するなら、上方《じょうほう》に向かって腕をしっかりと回転させることは、彼らには難しかったのではないかと考えられる。おそらく、靭帯《じんたい》の構造が、物を高く投げるのに適していないのだ。この推論が正しいなら、ネアンデルタール人にはボウリングはできても、野球はできなかったということになる。ネアンデルタール人がそのことをどれくらい残念に思っていたかは知るよしもないが、こうした身体上の制限がもたらす現実的な帰結であれば想像できる。

遠くに投げることはできないにしても、槍をもって狩りに行っていた可能性は否定できない。投げるのではなく、下から獲物を突けばいいのだ。だが、その場合、獲物のすぐそばまで近づいていく必要がある。もし獲物が大型であれば、狩りはきわめて危険な行為となる。実際、ネアンデルタール人は大型動物を狩ることが多かった。発掘現場からはマンモス、バイソン、ホラアナグマ、オーロックス（一七世紀に絶滅した野牛）の化石が見つかっている。さらに、ネアンデルタール人の化石には、相当な数の骨折の痕跡が認められる。彼らにとって、傷を負うことは日常茶飯事だった。ここで、平等主義的な社会を愛する読者に朗報である。骨折の痕跡にかんして言えば、女性と男性の化石のあいだに際立った違いはない。大型動物を狩るリスクは、男女が等しく（さらには子どもも）負っていたようである。トーマス・バーガーとエリック・トリンカウスは、ネアンデルタール人の化石に刻まれている外傷を、現代人のそれと比較検討した。そして、現代の職種から、骨にネアンデルタール人と同じような傷を負う可能性があるものを挙げるとすれば、それはロデオの騎手であると結論づけた。

遠距離の戦闘技術がいつごろ発達したのか、正確なところはわからない。先ほどから書いていると おり、木は劣化のスピードが速いからである。だが、およそ八万年前にホモ・サピエンスが生息していたエリアから、槍や矢の先端に固定されていたと思《おぼ》しき鋭利な石が発見されている。したがって、アフリカを出た時点で、サピエンスは離れた場所から敵を攻撃するための武器を使っていたと考えられる。同じようなとがった石は、ネアンデルタール人の化石発掘現場からはひとつも見つかっていない。上腕骨の構造も踏まえて考えるなら、ネアンデルタール人はサピエンスとはまた異なる、より非効率的な戦法に頼らざるをえなかったのではないだろうか。

その結果なにが起きたかは、現在のイラク北部、シャニダール遺跡が教えてくれる。この現場からは、六万五〇〇〇年前から三万五〇〇〇年前に生きていたと推定される、全身の骨格がかなりの程度まで残っている九体のネアンデルタール人が発見されている。そのうちの一体であり、現在はワシントンの国立自然史博物館に展示されている「シャニダール3号」は、左の第九肋骨《ろっこつ》に外傷を負っている。なにか鋭利なもので傷つけられたらしく、落下による傷とは明らかに別物である。傷は相当に深く、肺がすっかりつぶれていたとしてもおかしくない。前章に続いて、殺人の線が濃厚なケースである。

スティーヴン・チャーチル率いるデューク大学の研究チームは、どうすればとがった石がそのような傷を引き起こすのか知るために、実証実験を行った（どうかご安心を。実験で使用されたのは生きた人間の体ではなく、ブタの遺骸《いがい》である）。そうしてわかったのは、槍であれ短剣であれ、近くからの一撃であれば周辺の肋骨も傷を負わずにはいないということだった。ところが、シャニダール3号の化石は、第九肋骨しか傷ついていない。したがって、考えられる可能性はひとつしかない。シャニダール3号は、「とぼしい運動エネルギー」を備えた小さな先端、すなわち、矢の先端によって傷つけられたのである。

この議論が正しいなら、攻撃したのは（遠距離からの攻撃手段をもたない）ネアンデルタール人ではなく、われわれサピエンスである。サピエンスが西アジアにはじめて姿を現したとされるのが、まさしくこの時期に相当する。私たちの種と平和的に共存するのは、誰にとってもなまなかなことではなかったわけだ。

さいわい、フェルトホーファー1号はドイツに暮らしていたので、相対的に見れば安全な生活を送っていた。復元像に信を置くなら、彼はひげを切って長さをそろえていたらしい（美的観点から見て効果があったかどうかは、議論の余地が残るところだが）。ケニス兄弟が復元像にこのような特徴を付与した理由は、かみそりとして使用できそうな貝殻と黒曜石の刃が、発掘現場から出土しているからである。兄弟が手がけたほかのネアンデルタール人の像は、腕や肩に黒い線状模様が入っている。より年代の下った発掘現場では染料が発見されているため、少なくとも絶滅する直前、末期のネアンデルタール人は、体を彩色していた可能性があるのである。

ひげに隠されているものの、あごはやはり引っ込んでいて、サピエンスのようにとがってはいない。太古の人類がもれなくそうであるように、額は後方に大きく傾いていて、額の下端は瞳の上に、「M」字形のひさし屋根のようにかかっている。だが、フェルトホーファー1号の顔を横から見ると、後頭部の頭蓋骨が大きく突き出ていることがわかる。そこに収まっていた脳は、現生人類の脳より大きかったとしてもおかしくない。まさしくこの点が、トマス・ハクスリーに代表される人びとのあいだに、ネアンデルタール人と私たちの関係について疑念を抱かせることとなった。ここでいったん、一九世紀なかばまで、時計の針を戻してみよう。

人類の古生物学の誕生

すでに書いてきたとおり、一九世紀のなかばには、進化の概念をめぐって激しい議論が交わされていた。チャールズ・ダーウィンの思想はかなりの程度まで受け入れられていたものの、すんなりと普及したわけではなかった。ダーウィン自身、すでに人口に膾炙《かいしや》していたみずからの理論を、文書の形で体系的にまとめることには、長いあいだためらいを覚えていた。『種の起源』の初版がようやく刊行されたのは、ビーグル号での航海を終えてから二〇年以上が経過したあと、一八五九年のことだった。

おそらく、もっとも乗りこえるのが難しかったのは、心理的な障壁である。単純な話だが、多くの人びとにとって、人間が人間以外の祖先から派生した（しかもサルと共通の祖先から！）という発想は、受け入れがたいものだった。もうひとつの問題は、化石資料の不足だった。一部の太古の化石（たとえばマンモスの化石）は、現代の動物（たとえばゾウ）との類縁関係を示唆するのにじゅうぶんなほど似かよっており、それでいて、その種が時間とともに変化したこと（すなわち、進化したこと）を示すのにじゅうぶんなほどに異なっていた。同じ議論を人間に適用するには、物的な証拠が、つまり、私たちとは異なる形態をもった人類の化石が不足していた。このような事情から、第4章で言及したような疑念や、的外れな論理が生じたわけである。

じつを言えば、太古の人類の化石は、まずは一八三〇年にベルギーのアンジにて、次はスペインのジブラルタルにて、すでに出土していた。だが、発見された当初は、その重要性が理解されていなかった。人類の古生物学は公的には、その数年後、ネアンデル谷《タール》にて誕生した。この谷の名称は、一七世紀に生きたプロテスタントの牧師、ヨアヒム・ノイマンに由来する。ドイツ語では「谷」を「ｔａｌ」と書くが、かつての綴《つづ》りは「ｔｈａｌ」だった。「ノイマン」というのは、「新しい人」という意味である。ノイマンは当時の流行にならって、自身の姓をいくぶんギリシア風に変えて、「ネアンデル」とした（古典の授業が嫌いだった読者諸賢は、いまごろ顔をしかめていることだろう）。したがって、「ネアンデルタール（Neanderthal）」とは「新しい人の谷」という意味になるのだが、なんとも奇妙な偶然により、太古の人類の最初の化石が、この場所から発見されることになるのである。フェルトホーファー洞窟で見つかったその化石は、明らかに私たちとは違っていた。

発見されたのは二本の大腿骨《だいたいこつ》、数本の腕の骨、肩甲骨、それになにより、圧縮されてつぶれたような頭蓋冠だった。一八五六年八月、化石を発見した坑夫たちは、同地で教師をしているヨハン・カール・フールロットに化石を引き渡した。フールロットには地質学の知見があった。きわめて古い骨であることはわかったが、自分の手に負える代物ではないとも感じ、母校のボン大学で解剖学を教えているヘルマン・シャーフハウゼンを頼ることにした。シャーフハウゼンは、若く情熱にあふれた研究者だった。ダーウィンの文章を読んだことはなかったが、その業績については耳にしており、種の不変性は「証明されていない」とする論文を発表したこともあった。いま、ヒトという種の進化の証拠が、自分の手のなかにある。シャーフハウゼンはただちにそう感じとった。彼はまた、善意の人でもあった。翌年、自然誌の学会で化石の発見にかんする論文を発表した際には、アカデミアの人間ではないフールロットとの共同執筆という形にした。シャーフハウゼンとフールロットはこの頭蓋を、おそらくはマンモスと同時代に生きた、「人類の野蛮で未開な**種**」に属すに違いないと結論づけた。語彙の面ではいくぶん適切さを欠くものの（それも無理からぬ面はある。この時代、その種の公正さはほとんど意識されていなかったのだから）、じつに見事な推論である。

しかし、ネアンデルタール人のアイデンティティについて万人を納得させるには、数年の歳月と、多くの議論が必要だった。すでに第4章で見たとおり、ルドルフ・フィルヒョーや、その信奉者らしきクックック教授は、ヒトがサルの子孫であることを否定し、注意深く見ればサルよりもブタの方がヒトと多くの共通点をもっていると主張していた。フィルヒョーは優れた病理学者であり、影響力と知名度の双方にかんして、シャーフハウゼンとは比較にならなかった。フィルヒョーはまた、ドイツ人類学会を創設し、その初代会長を務めた人物でもある。

化石を引きとったフィルヒョーは、それはさして古いものではないという裁定を下した。その化石はせいぜい一世紀前のものであり、頭蓋冠の主《あるじ》は生前、なんらかの重大な病にかかっていたのだとフィルヒョーは考えた。関節炎か、くる病か。おそらくは、蒙古症《もうこ》（ダウン症候群の旧称）だろう。この見解に沿う形で、一部の研究者はフェルトホーファーの化石を、ナポレオン戦争のさなかに洞窟で死亡した「くる病にかかったモンゴル系のコサック兵」か、あるいはポーランド人ではないかと推定した。もちろん、コサック兵だろうがポーランド人だろうが、こんな形の頭蓋冠の持ち主がいるはずはなく、それはすこし調査すれば簡単にわかることなのだが、根拠のない謬説《びゅうせつ》に支持が集まるのは世の常でもある。

一方、ドイツ国内では、確固たる物証の力が偏見をじりじりと劣勢に追い込んでいた。論争が続くなか、フェルトホーファーの頭蓋骨のイラストや透写図が、ヨーロッパ全体に流通しはじめた。それはイギリスにも渡り、とうとう古生物学者のジョージ・バスクが、ジブラルタルで発見された化石との比較照合を行った。バスクは皮肉たっぷりに、次のようにコメントした。どれだけ好意的に解釈しても、「くる病にかかったモンゴル系のコサック兵その2」が、イベリア半島の突端で人生を終えたと考えるのは無理がある、と。一八六一年、フェルトホーファー、ジブラルタル、アンジの化石が属する太古の人類の種は、**ホモ・ネアンデルターレンシス**と命名された。

ダーウィンはと言うと、一八五九年に『種の起源』が刊行された時点では、シャーフハウゼンとフールロットの論文のことは知らなかった。この論文が掲載された雑誌はあまり有名ではなかったし、英語に翻訳されるまでしばらく時間がかかったからである。他方、一八七一年に出版された、『人間の由来』を執筆していた時期には、ネアンデルタール人をめぐる議論を把握していたことは確かである。しかし、このときもやはり、自身の立場をはっきりと打ち出すことはせず、奇妙なまでに味気ない言及で済ませている。「有名なネアンデルタール人のように、かなり古い頭蓋骨でも、よく発達して容量の大きいものがある」。これだけである。より詳細な分析も、新たな発見がもたらした見取り図をより充実させようという意図も、どこにも見当たらない。

私たちの系図のなかにネアンデルタール人を配置する作業を担ったのはダーウィンではなく、その友人で協力者でもあるトマス・ハクスリーだった。フェルトホーファーの頭蓋骨の透写図を入手したハクスリーはそれを、かつて発見された頭蓋骨のなかで「もっともサル的」であると表現した。だが、脳の容量がきわめて大きいことから、ハクスリーはそれを、現生人類へと連なる変化の鎖の一部であるとは見なさなかった。進化によって、人類の脳はどんどん大型化していった。もし、ネアンデルタール人が私たちの祖先なら、現生人類の脳はネアンデルタール人の脳よりも大きくなければ理屈に合わない。けっきょく、ハクスリーはこう書いている。「いかなる観点からも、人間とサルのあいだに位置する中間的な存在の化石として、ネアンデルタール人の骨を捉えることはできない。それはせいぜい、部分的にはサルに近い人類の形態がかつて存在したことを示しているに過ぎない」

素晴らしい慧眼《けいがん》であり、かつ、勇気のある判断だったと評価しなければならない。化石という物証を根拠に、ネアンデルタール人を仲介役にしてサルとサピエンスを結びつければ、世紀の大問題に答えを提供することもできたのである。だが、ハクスリーはその安直な説明を退け、証明することが容易でない説、すなわち、ミッシングリンクはいくつも存在するという説を採用した。進化の末端には私たちだけではなく、さまざまな人類の形態が並行して存在したのだとハクスリーは考えた。

この考えが受け入れられるまでには、長い時間が必要だった。二一世紀の現在でも、五つか六つの横向きになったヒトの図を一列に並べて進化を表現しているイラストを、ウェブサイトやTシャツのデザインによく見かける。左に行くほどサルに近くなり、いちばん右には私たちの姿がある。あいにくこのイラストは間違っている。進化の過程は、直線的に進行したのではない。

だが、一九世紀へのショートトリップはこのあたりで切りあげることにしよう。ネアンデルタール人と私たちの関係については、次章でより詳しく論じることとしたい。

ネアンデルタール人の「思考」

ここでは、ごく最近の研究から、ネアンデルタール人がどのように「思考」していたか、徐々に明らかになってきたということを指摘しておきたい。それは、ひとことで言えば、私たちの「思考」とは別物だった。ご承知のとおり、脳は化石として残らない。だが、脳を収めている頭蓋骨の形を調べたり、近年では遺伝子を分析したりすることで、ネアンデルタール人の脳がどんなふうにできていて、どんなふうに機能していたのかを推測できる。

ヒトの驚くべき認知能力を左右するのは、脳の大きさ（言い換えれば、脳を形づくっているニューロンの総数）と、「皮質」と呼ばれる表面部分の構造である。外界から摂取した情報も、私たちの体の内部から発信される情報も、その多くは前頭前皮質に集められる。ここが、もっとも複雑な思考が展開されるエリアである。脳科学者のなかには、私たちの「人格」は前頭前皮質に宿っていると考える者もいる。それを証明するのは困難だが、いずれにせよ、私たちは前頭前皮質のおかげで、なにかを決断したり、計画を立てたり、計画を実現するための戦略を練ったり、自分たちの感情と折り合いをつけたり、そのほかたくさんのことを実行できている。

ライプツィヒとドレスデンにあるマックス・プランク研究所の研究者たち（第5章に登場したスヴァンテ・ペーボもそのひとりである）は、「*TKTL1*」という遺伝子にかんして、私たち現生人類と、ネアンデルタール人や大型類人猿のあいだに、わずかな違いがあることを発見した。ささいなことに思えるかもしれないが、この小さな違いが、じつのところ大きな結果を引き起こしているのである。*TKTL1* は神経前駆細胞、すなわち、脳のニューロンの元になる細胞（専門用語では放射状グリア細胞）の増殖ともっともかかわりが深い遺伝子である。マックス・プランクの研究者は、ねずみの胚《はい》と、シャーレで培養した人間の神経細胞に、ネアンデルタール人の遺伝子を移植した。いずれのケースでも、神経前駆細胞はわずかしか増殖せず、生成されたニューロンの数も少なかった。ねずみの前頭前皮質は、発達が抑制される結果となった。

したがって、私たちと同等か、それ以上の数のニューロンを有していたであろうネアンデルタール人の脳には、もっとも重要なニューロンが不足していたということになる。ネアンデルタール人が私たちと同じように「思考」することは、遺伝子レベルで不可能だったのである。

知性とはなんなのかという問いにたいして、私たちはまだ明確には答えられない。その定義はさまざまであり、たがいに矛盾していることもある。だが、経験から学ぶこと、自己を正しく把握し感情をコントロールすること、他者の行動を予見すること、想像力や批判的思考などが知性と関係していることは、大方の同意を得られるのではないか。こうした営みのすべては、優れた前頭前皮質を抜きにしては実行が難しい。おそらく、ネアンデルタール人がサピエンスとの競争に敗れた理由のひとつに、脳の機能のこのような違いがあるのだろう。

それでは、大きいけれども私たちとは異なる脳をもっていたネアンデルタール人は、どのような生活を送っていたのか。この点にかんしても、わかってきたことがいくつかある。

ネアンデルタール人はがっしりとした体格をしており、足は太く短く、先に述べたとおりつねに負傷の危険にさらされていた。だが、怪我《けが》などの災難に見舞われたあとでも、穏やかな最期を迎えたケースもある。ネアンデルタール人の骨には、骨折が治癒した痕《あと》が何例も見つかっている。「仮骨《かこつ》」と言って、折れた骨と骨のあいだに、数週間かけて形成される骨組織である。回復のあいだに命を落とさなければ、骨は無事に癒着する。いくつかの化石には、きわめて重大な外傷が確認されている。

シャニダールから出土した別の化石、「シャニダール1号」は、ネアンデルタール人としては長寿と言える、四〇歳前後まで生きた男性の骨だ。いつのことかはわからないが、人生のある段階で、シャニダール1号は顔面の左側にひどい傷を負った。この傷のせいで頭蓋骨が変形し、ほぼ間違いなく、左側の視力と聴力を失っている。いまも昔も、不幸というやつは、かならず仲間を連れ立ってくるものである。シャニダール1号は退行性変性という骨の疾患にかかっており、晩年には歩行機能を失っていたと考えられる。しかも、シャニダール1号には右腕がなかった。どうやら、上腕の位置から切除したらしい（記録に残っているかぎり、世界最古の外科手術と言えるかもしれない）。かくも多くの辛酸をなめながら、四〇年という歳月を生きられたのは、誰かがこの人物の身のまわりの世話をしていたからにほかならない。

先史時代における社会的な関係性について研究するのは困難をきわめる。まったく痕跡が残っていないか、残っていたとしてもごくわずかだからである。だが、シャニダール1号の化石や、それよりも前の時代の、ドマニシ（第3章）やシマ・デ・ロス・ウエソス（第5章）の化石が示しているのは、人類は二〇〇万年近く前から、他者を気遣って生きていたということである。たしかに、チンパンジーにも利他的な行動は見られるが、一定の競争力を獲得するやいなや、各個体は自分のことしか考えなくなる（もちろん、子を世話する母親はそのかぎりでない）。私たちは違う。四〇歳まで生きたシャニダール1号が、ずっと母親に守ってもらっていたとは考えづらい。そして、生きのびるための闘争は、彼の時代にもなまやさしいものではなかった。それでも、ホモ・ゲオルギクスやホモ・ハイデルベルゲンシスのか弱き構成員と同じように、深刻なハンディキャップを抱えていたにもかかわらず、シャニダール1号は生き残った。おそらく脆弱《ぜいじゃく》ではあったろうが、うまくいけば機能するような、ある種のセーフティネットが存在したのである。それが、自分では狩りに行けなかったり、あるいは、ドマニシの化石がそうであったように、自力では食事をとることさえままならなかったりする仲間を生きながらえさせることになった。古人類学者のジャン゠ジャック・ユブランは、「同情」という心の働きこそ、人類の際立った特徴のひとつだと主張している。

同じコミュニティの仲間であれば血のつながりがなくても助けようとする傾向は、それほど結束力の強くないほかの集団と競争するとき、有利に働いたのだろう。こうした傾向がどのようにして発達したのか、私たちには仮説を提示することしかできない。だが、ここでもやはり、ほかの動物には見られない長い育児期間に着目するのが妥当だろう。小さな子の面倒を見るために、母親は長いあいだ狩りに行くことができない。自分で食料を調達できない仲間が、コミュニティのなかにつねに存在することは、利他的な振る舞いを広める結果につながったはずである。それがやがて、共同体の成員すべてに向けられることになる。なぜなら、長い目で見れば、利他的に振る舞う方が（自分自身にとっても）有益だからである。

言語にとって重要な遺伝子

このあたりで、フェルトホーファー1号の外見に話を戻そう。すべてのネアンデルタール人と同じように、彼も白い肌の持ち主である。私たちの色合い（皮膚や、髪や、瞳の色合い）は、メラニン細胞という、二種類のメラニンを生成することに特化した細胞に左右される。二種類のメラニンとは、黄色に近いフェオメラニンと、褐色に近いユーメラニンである。メラニンを合成する生化学的な連鎖反応には、さまざまなタンパク質が介入する。したがって、肌や、髪や、瞳の色は、数多くの遺伝子に左右される。ヒトの場合、その種類は七〇程度と見積もられている。この連鎖反応の根幹をなす過程には、「*MC1R*（メラノコルチン1受容体遺伝子）」と呼ばれる遺伝子がかかわっている。

ジャウマ・ベルトランペティトは幸運に恵まれた人物である。たいへん美しい町（バルセロナ）に暮らし、たいへん水準の高い大学（ポンペウ・ファブラ大学）に勤めているだけでもじゅうぶんに幸運だが、それだけではない。彼は、ネアンデルタール人の肌の色について研究を始めるなり、いくつもの遺伝子のなかから、たちまち「正解」を引き当てたのである。カルレス・ラルエザ・フォクスおよびミヒャエル・ホフライター（こちらはポツダムの研究者）と共同で研究に取り組んだベルトランペティトは、ネアンデルタール人のゲノムのなかに、現生人類では確認されたことのない*MC1R*の変異を発見した。どのような影響があるのかを知るために、彼らはネアンデルタール人のゲノムを、培養したヒトの細胞に移植した。その結果、この変異によってメラニン細胞は、褐色のユーメラニンではなく、より明るいフェオメラニンを生成するようになることが判明した。ネアンデルタール人は、白い肌の持ち主だった。そしておそらく、髪は赤く、顔にはそばかすがあった。

同じように、化石から抽出したDNAを調べることで、彼らの血縁関係が再構築され、その集団は「グループO」と命名された。また、乳を摂取していたのは乳児期にかぎられることもわかっているが、それは自然なことと言える。「乳」と言えば母乳しか存在しなかった時代に、乳離れしたあとも乳糖を消化できるようにする遺伝子をもっていたところで、なんの利点もなかっただろう。ヒトが動物の乳を摂取するようになるのは、ヒツジやウシを飼育するようになって以後のことである。だが、それはもっと後の時代、**新石器時代**（この時代については第14章でとりあげよう）のホモ・サピエンスが始めることであって、そのころにはすでに、ネアンデルタール人は絶滅していた。

より興味深いのは、ネアンデルタール人が「*FOXP2*」という遺伝子を、私たちと共有していた事実である。この遺伝子は、ＫＥ家（プライバシー保護の観点から、本名は伏せられている）という英国の一族にかんする調査を通じて、思いがけず知名度を獲得した。ＫＥ家の、三世代にわたる一五人の構成員は、音節や言葉を正確に発音することができなかった。音声をしかるべく発するには、唇、舌、喉を正しく動かさなければならないが、ＫＥ家の面々にはそれができなかったのである。これは言語の統合運動障害と呼ばれる症状で、この症状が認められるＫＥ家の構成員はみな、*FOXP2* 遺伝子に同じ変異を有していた。この発見はたいへんな反響を引き起こし、しばらくのあいだ、一部の識者は *FOXP2* を「言語の遺伝子」などと吹聴《ふいちょう》していた。

残念ながら、これは間違いである。なぜ間違いなのか、さまざまな理由が挙げられるが、とりわけ重要なのは、発話というかくも複雑な機能が、単一の遺伝子のみに左右されることはありえないという点である（同じことは肌や髪の色、知能、犯罪傾向、自閉症、統合失調症、そのほかさまざまな心理的性質についても当てはまる）。私たちに備わっているあらゆる性質には、遺伝子がかかわっている。私たちは動物であり、そうである以上は、生物としての限界を有している。その限界を定めているのが遺伝子である。私たちには、一秒で一〇〇〇個の計算式を解くことも、三〇分でフルマラソンのコースを走りきることもできない。なぜなら、遺伝子が定めた限界は超えられないから。無数に存在し、その多くはいまだ知られていない遺伝子が、多くの環境的な因子と相俟《あいま》って、私たちの社会的関係の基盤となる営みを可能にしている。すべての行為は多くの遺伝子を必要としており、ひとつだけでじゅうぶんな遺伝子など存在しない。二足歩行の能力は、一朝一夕に獲得されたわけではない。同じように、*FOXP2* の変異によって、私たちは突然に言語能力を獲得したのではない。

唯一の「言語遺伝子」ではないにしても、*FOXP2* が言語にとって重要な役割を果たしていることは事実である。この遺伝子が正しく機能しなければ、私たちは思うように発話できなくなる。現在では、この遺伝子がたいへん早いうちに、胚の成育過程から活動を始めることがわかっている。受精した卵子が、私たちの体を形づくる何十億という細胞を生みだすとき、体の各組織や器官のなかで、*FOXP2*が細胞に指令を出している。このプロセスが滞りなく進行するためには、すべての遺伝子が調和をもって機能しなければならない。各々が、必要となったタイミングで自身のタンパク質を産生し、必要でなくなったら産生をやめるのである。ほかの遺伝子を作動させたり、あるいは作動をやめさせたり、つまりはスイッチの「オン」と「オフ」を切り替えるような調節の機能は、特定のカテゴリーの遺伝子（「調節遺伝子」と呼ばれている）が請け負っている。まさしく、*FOXP2*こそがそのスイッチであり、ほかの遺伝子の活動をコントロールするタンパク質を産生する。この遺伝子が変異すると、KE家の事例に見られたように、ほかの遺伝子もうまく機能しなくなる。

*FOXP2*を有している哺乳類は少なくないが、この遺伝子が私たちと完全に同一なのはネアンデルタール人だけである。この観点に立つのであれば、チンパンジーもゴリラも、私たちよりむしろネズミに近い。ネアンデルタール人がどのように会話していたのか、私たちにはわからないし、これからもけっしてわかることはないだろうが、手持ちの遺伝子に着目するなら、彼らのもとには会話するために必要なカードがそろっていたということである。

ネアンデルタール人の社会

ネアンデルタール人がどんな生活を送っていたのかを想像する上で、かすかな手がかりとなりうるのは、ニューギニア、アフリカ、南アメリカなどで狩猟採集を営む現生人類にかんする研究である。日々の食物の調達にも難儀しているであろう小規模な集団、ごく少数の血縁グループを想像してほしい。
ネアンデルタール人の社会も、これと似たような小さなコミュニティだったと考えるのには、相応の根拠がある。たとえば、いまから八万年前、まだヨーロッパにネアンデルタール人しかいなかったころの足跡が、ごく最近になって発見された。ノルマンディーに足跡を残していった集団は、一五人か、おそらくはそれよりも少ないメンバーから構成されていた。集団の内訳は、子どもが多数、青年が数人、大人がおそらくふたりである。単一の核家族かどうかは定かでないが、ともあれ、この人たちはいっしょに移動していた。集団は、季節の移ろいに合わせて移動していたと考えるのが妥当だろう。夏と冬で、そう遠く離れていない狩り場を往《ゆ》き来する生活を、何世代にもわたって続けてきた。たいていは洞窟で暮らしていたが、より暖かな土地（イスラエルやウクライナ）に暮らしていた種は、野天の場所に生活の痕跡を残している。もちろん、実際にそこで寝起きしていたのか、たんに狩りの獲物を山分けするのにちょうど良い場所だっただけなのかはわからない。

グループの規模に話を戻すと、これほど小さな集団の場合、時間がたつにつれて、すべての構成員のあいだに血縁関係が生じることになる。ときには、よそ者との運命的な出会いがあったかもしれないが、いずれにせよ、血のつながった者同士が高い確率で結合することは避けられない。シベリアのデニソワ洞窟で発見されたネアンデルタール人（女性）のDNAを調べたところ、この女性の両親は「異父きょうだい」だったことがわかったという。ここまで血のつながりが濃くなると、身体上の奇形や異常が生じやすくなるのは当然のことであり、事実、ネアンデルタール人の多くのコミュニティで、そのような事例が確認されている。

では、異なるコミュニティが出会ったときはなにが起きたのか？　正確な答えは知りようがないし、私たちには想像することしかできない。考えられる可能性は三つである。たがいに避けるか、協働するか、衝突するか。

　人口密度が低いのであれば、ひとつめの戦略が有効であることは疑いようがない。概算的な数値ではあるが、中央ヨーロッパと西アジアに相当するエリアに生息していたネアンデルタール人の数は、いちばん多い時代でも七万人は超えなかっただろうと言われている。

　ふたつめの選択肢、すなわち協調にかんして言うと、ごく一部の出土品（貝殻や、刃の材料となる黒曜石）は、ネアンデルタール人の居住域に到達するまでに、数千キロにおよぶ旅をしていたことがわかっている。もちろん、例外的なケースではあるのだが、とはいえそれは、原初的な「貿易」と呼びうるネットワークが、この時代にすでに存在していたことを示している。貿易が成り立つためには、複数のコミュニティのあいだで、隣人との良好な関係が構築されていなければならない。

　三つめの可能性である衝突だが、これについてはあまりデータが残っていない。すでに見てきたとおり、シャニダール3号は矢で殺害されたが、その矢を放ったのはネアンデルタール人ではなく、サピエンスである可能性が高い。フランスのサンセゼールで発見された、ネアンデルタール人の若い男性の頭蓋骨にも、対人的な暴力の痕跡がある。上から下へ振りおろされた刃による、じつに七センチ弱の傷が、脳頭蓋の右側に残っている。傷の角度から、敵が正面にいたのか背後にいたのかは推測がつくが、それが誰であったのかはわからない。というのも、この化石は三万六〇〇〇年前のものであり、その時代のヨーロッパにはネアンデルタール人とサピエンスの双方が生息していたからである。「食人」にかんする痕跡であれば、よりはっきりと残っている。時代は、サピエンスがヨーロッパにやってくる数千年前にさかのぼる。したがって、人の肉で空腹を凌《しの》いでいたのは、ネアンデルタール人であるとしか考えようがない。

ゆっくりと進行する危機

フランスのムラ＝ゲルシ、ベルギーのゴイエ、そして、いくぶん不明瞭な点は残るものの、クロアチアのクラピナで発見されたネアンデルタール人の骨には、同じ現場から出土した動物の骨に残っているのと同じ、解体の痕が認められた。これらの化石は、刃や石の先端で腱《けん》に切れ目が入れられ、肉を剝《は》がすために穴が穿《うが》たれ、髄《ずい》を抽出するために骨が折られていた。ムラ＝ゲルシの洞窟では、ひとかけらの肉もむだにはされなかった。大人のものとされるあごの化石には、舌を引き抜かれた痕跡があった。そして、同じ個体の指骨《しこつ》には、（クマでもそのほかの捕食者でもなく）ネアンデルタール人の歯の痕が残っていた。

ここで言い添えておきたいのは、人類（ダーウィンの定義によれば、「地上でもっとも支配者然とした動物」）を食べるのは、ライオンを主食とするのに負けず劣らず、きわめて筋の悪い生存戦略だということである。状況が許すなら、果物や小動物を食べる方がずっと良い。そう、あくまで、状況が許すなら。食人は、食料不足にあえぐ絶望した人びとがすがる、最後の手段である。

歯を化学的に分析することで、ネアンデルタール人の食事内容を推定できる。ネアンデルタール人が食べていたのはおもに肉、ほとんど肉だけだった。どれだけの量を必要としていたかについては、次章であらためて検討しよう。数万年のあいだ、肉を手に入れることはじゅうぶんに容易だった。ネアンデルタール人の大部分は、ヨーロッパの寒冷なステップ地帯に暮らしていたが、そこにはトナカイ、サイ、大型のシカやマンモスも生息していた。だが、気候学の知見によると、およそ一二万年前から気温が上昇し、環境が変化して、背の低い草が木々に取って替わられた。森に生息するのは、シカやダマジカ、あるいはウサギなどの小型動物だった。狩りの難易度が増した一方、首尾良く獲物を仕留めたところで、摂取できるカロリーはたかが知れていた。

このゆっくりと進行する危機の結果を、歯のエナメル質が物語っている。数千年の時間をかけて、ネアンデルタール人の歯のエナメル質は減少してゆき、最後にはきわめて薄くなってしまった。これは、じゅうぶんな栄養をとれていなかったことの証《あかし》である。ムラ＝ゲルシ、ゴイエ、（多少の不確かさが残る）クラピナでの食人行為は、長く続いた食料危機について証言している。サピエンスがやってきて、ネアンデルタール人の衰退に拍車をかける前から、おそらくはこの食料危機が、絶滅の地ならしをしていたのだろう。

考古遺伝学の開拓者

われらのフェルトホーファー1号について、最後にもうひとつ付け足しておこう。四万年前の地上に生きた彼には、先駆者《パイオニア》としての素質があった。彼の化石は、人類の古生物学の始まりを告げただけではない。そのＤＮＡを調査することで、新しい学問分野、「考古遺伝学」という領域が開拓されたのである。

一九九七年、ライプツィヒのスヴァンテ・ペーボ（またこの人である。彼は二〇年の長きにわたって、太古のＤＮＡの研究を主導してきた）のグループがはじめて、絶滅した人類のＤＮＡを解読するのに成功した。それは相対的に見て小さな部位で、分析の手順もそこまで複雑ではなかった。それは**ミトコンドリア**ＤＮＡと呼ばれる部位であり、**染色体**とは別の場所に存在している。それは母から子へ受け継がれるため、あなたの母方の祖母はあなたと同一のミトコンドリアＤＮＡをもっている。当然ながら、あなたの兄弟姉妹や、あなたの母の姉妹の子らも、祖母と同じミトコンドリアＤＮＡの持ち主である。

フェルトホーファー1号（および、彼のあとに調査されたすべてのネアンデルタール人）は、それまで研究されてきた、現生人類の何千というミトコンドリアDNAのどれとも違う、未知のDNAをもっていた。このことは、ロシア、クロアチア、スペイン、ベルギー、そして、ヴェローナの近くにあるレッシーニ山脈の調査（最後のひとつは、私が勤務するフェッラーラ大学の研究チームと、ダヴィド・カラメッリ率いるフィレンツェ大学のチームによる共同研究の成果である）によって裏づけられた。ネアンデルタール人は誰ひとりとして、現生人類に認められるミトコンドリアDNAをもっていないし、その逆もまたしかりである。現代のヨーロッパ人と、太古のヨーロッパ人であるネアンデルタール人のあいだには、特別な関係はなにもない。

これは、ネアンデルタール人を私たち（サピエンス）の系図のなかに配置できないことの、決定的な証拠であるように思われる。ヨーロッパ人であれ、そのほかの人類であれ、現代人の系図をいくらさかのぼってみたところで、ネアンデルタール人と出会うことはない。ネアンデルタール人と私たちは、別の種である（少なくとも、今日までの研究にもとづいて判断するなら、そうとしか考えられない）。外見も、DNAも、ネアンデルタール人は私たちと異なる。

だが、いつの日か新しい研究が、ふたたび情勢をひっくり返すかもしれない。その可能性については、次章で詳しく見ていきたい。

第７章

鍾乳石のなかの男

ホモ・ネアンデルターレンシス

アルタムーラ　15万年前

ネアンデルタール人のゲノム

彼は「チッチッロ」と命名された。その疑り深そうな表情、厳《いか》めしい雰囲気の割には、ずいぶんかわいらしい名前である。アルタムーラでは彼は有名人だ。人びとは、広場のカフェで、これから彼と会う約束があるかのように、親しげにその名前を口にする。だが、あいにくそれはありえない。チッチッロの化石は、彼が何万年も眠りについていたラマルンガの洞窟から、いまだ回収されていないのだから。チッチッロは約一五万歳、フェルトホーファー1号よりも四倍近く年長ということになる。年長者の紹介が後回しになってしまったのは、その発見がごく最近の出来事だったからである。

彼の人生について語るとするなら、それは悲しい物語とならざるをえない。幼年期や青年期についてはなにひとつわからないが、化石が彼の痛ましい最期を伝えている。洞窟に迎え入れられ化石となったそのほかの客人と同じように、チッチッロもまた、そこへ転落したのである。狩りの途中で、獲物を追って洞窟に足を踏み入れたのか。あるいは、ただたんに、ちょっとなかを覗《のぞ》いてみたくなったのか。地下水が流れる洞窟は、地面がもろくなっている。彼は落ちた。それは破滅的な転落だった。気づけば、片腕と肩甲骨一本を骨折していた。さらに災難が降りかかる。もとの場所へ登って戻ることができないので、別の出口を探すしかないのだが、道を間違えてしまう。問題なく動く方の腕で折れた腕を支え、歯を食いしばりながら奥へ、奥へと、暗闇のなかを歩いていく、そんなチッチッロの姿が思い浮かぶ。最後に彼が行き着いたのは、今日の研究者が「後陣《アプシス》」と呼んでいる、出口のないスペースだった。ジュール・ヴェルヌの『海底二万マイル』には、主人公のアロナックスが、地殻の一〇〇キロ以上も下方の暗がりで、ひとりきりになる場面がある。

私の絶望を描写することは不可能である。いかなる人間の言葉をもってしても、私の感情の輪郭を明確に描くことなどできはしない。飢えと渇きにさいなまれて死ぬのだという見通しのもと、私は生きたまま埋葬された。

同じことがチッチッロの身にも起きた。絶対的な暗がりに飲まれ、深手を負い、飲むものも食べるものもなく、力つきるまでの数日間を過ごした。

本書口絵の肖像だけでは、額がどれだけ後傾しているか、眼窩《がんか》の上にどれだけ頭蓋骨が張り出しているかはわかりづらい。いずれも、すべてのネアンデルタール人に共通する特徴だが、チッチッロにはとくにはっきりとその傾向が認められる。洞窟のなかで最初に化石の調査に当たった人類学者は、慎重にもチッチッロのことを「前ネアンデルタール」に分類している。実際には、彼はネアンデルタール人そのものであることを、DNAが証明した。だが、発掘現場の特徴からして、化石の調査が困難をきわめることを考慮するなら、初期段階で確たる判断をくだせなかったのも無理はない。

ラマルンガの洞窟は、水流によって穿《うが》たれた穴の総体、いわゆる「カルスト地形」の洞窟であり、そこでは水平方向の空洞と、専門家が「ポノール」と呼ぶ鉛直方向の洞穴が縦横に行き交っている。時間とともに、ポノールには岩屑《がんせつ》がたまってゆき、そうと知らずにその上を歩けば、洞穴のなかへ転落することになる。あるいは、地下水が岩石の層を少しずつ削ってゆき、ついには岩を崩壊させることもある。要するに、これは自然が作り出した罠《わな》である。数万年という歳月を通じて、シカ、ダマジカ、野牛、さらには、この洞窟の所在地であるプーリアには現代では生息していない哺乳類（たとえばハイエナ）など、数多くの動物がここに落下していった。

洞窟の北方は、キリスト教会の後陣《アプシス》のような作りになっている空間で行きどまりとなる。そこで、一九九三年、地元の洞窟探検家グループが、はじめてチッチッロと対面した。その骨格は、発見当時もいまも、全身が炭酸カルシウムで覆われ、そのまわりに石筍《せきじゅん》が生えている。気が遠くなるほどの長い時間が、骨の位置をめちゃくちゃにしていた。頭蓋骨は逆さまになり、大腿骨《だいたいこつ》に支えられていた。石灰の凝固物があぶくのようなものを作り、懐中電灯に照らされるときらきらと光を放つ。ジョルジョ・マンツィとジャコモ・ジャコビーニは、この骨格から頭蓋骨を回収する研究計画を提出した。最大限の注意を払い、地上へ持ち帰ることで、化石を詳細に調べるためだ。計画が承認されることを祈るばかりだが、いまのところはまだ、指一本触れない方がいいという意見が優勢である。化石に損傷を与えることなくすべての骨を回収することは、きわめて困難、というより、ほとんど不可能だからである。

したがって、現状において私たちがチッチッロについて知っていることは、レーザーなど3D測定のための機器を用いて行われた計測に由来している。肖像の制作にあたっては、ケニス兄弟もやはり、コンピューターによる再現像を参照している。チッチッロのDNAについて、私たちが把握しているごくわずかな情報は、肩甲骨の断片に由来している。それは、鍾乳石《しょうにゅうせき》に覆われて見えなくなっている背面から採取された。このとき用いられたのは、腹腔鏡《ふくくうきょう》検査法に類する手法である。自由に曲がるチューブにビデオカメラを接続して、通常では不可視の領域を把握しようとする。外科医の場合は、このチューブを腹部に挿入して、手術の助けとするわけである。

チッチッロの身長は一メートル六五センチ前後、体格は屈強で、骨盤は幅が広く、ネアンデルタール人にふさわしい大きな鼻をしている。没年齢は、おおよそ三五歳。現代なら、まだ青年と呼ばれてもおかしくないが、当時としては相当な高齢である。彼のDNA、つまり、私たちが参照しうるごくわずかなミトコンドリアDNAは、どこまでも真っ当なネアンデルタール人のそれであって、フェルトホーファー1号や、そのほか南欧（イタリア、スペイン、クロアチア）のネアンデルタール人たちとよく似通っている。

それにたいして、ロシアのネアンデルタール人や、第三のグループである北方（フランス、ベルギー）のネアンデルタール人のDNAとは、いくらか異なる部分がある。ただし、フェルトホーファーのふたりめのネアンデルタール人であるフェルトホーファー2号は、1号とは違って北方のDNAを有している。このことから得られる知見はふたつある。ひとつは、当時もいまも、地理的に離れた場所で暮らす人びとのあいだでは、遺伝的な差異が蓄積されていくということ。ふたつめは、かと言って、同じ土地で暮らしていた人びとがみな同じDNAをもっていたわけでもないということである。

チッチッロのDNAについてくまなく分析するためには、私たちにはまだ素材が足りない。しかし、この分野は近年、長足の進歩を遂げている。二〇一〇年以降、ネアンデルタール人のDNAの研究には、新たなデータが次々と登録されていっている。それは、ミトコンドリアDNAの小さな断片ではなく、DNAの総体、すなわち**ゲノム**にかんするデータである。最初にそれに成功したのは、もはやおなじみのスヴァンテ・ペーボの研究チームである。クロアチアのヴィンディヤ洞窟から出土した三個体の骨の断片から、ペーボはゲノムを再構築した。したがって、ネアンデルタール人のゲノム第一号は、一個体に由来するのではなく、三体の化石を統合して得られたものである。なにも驚くには当たらない。「ヒトゲノム」の第一号は、五人のＤＮＡをもとにしていたのだから。

前章で見たように、すべてのネアンデルタール人は、現生人類とは異なるミトコンドリアＤＮＡをもっている。この事実を素直に受けとめるなら、これはサピエンスとネアンデルタール人が異なる種であることの、れっきとした証拠に思える。だが、人類学であれ考古学であれ、図式的になりすぎるのも得策ではない。事実、ネアンデルタール人のゲノムが解読されたことによって、私たちは新たな見取り図を手に入れたのである。スヴァンテ・ペーボは、ヴィンディヤのネアンデルタール人のゲノムを現生人類のゲノムに重ね合わせて、その異同を調べた。この研究については、第9章であらためて見ていこう。

ここではひとまず、ヴィンディヤと、現生人類の五つのゲノムの関係を注視してみたい。ペーボのチームはこの研究のために、アフリカ人ふたり、フランス人ひとり、中国人ひとり、パプアニューギニア人ひとりのゲノムを調査した。ごくわずかにではあるが、ネアンデルタール人のＤＮＡはきまって、アフリカ人よりも非‐アフリカ人に類似していた。「ごくわずか」というのは、二‐四パーセント程度である。だが、どのＤＮＡを比較してもそうなるのだ。比較対象を増やし、ほかの現生人類のゲノムとも比較することで、この結果は裏づけられた。では、これはなにを意味しているのか？

「交雑」か？「祖先の共有」か？

想像できるシナリオはふたつ、それぞれ「交雑」と「祖先の共有」とでも呼ぶべき筋書きである。「交雑」とは、だいたいこんな展開である。いまからおよそ五万年前、もうずっと前からヨーロッパで暮らしていたネアンデルタール人は、アフリカを出た最初のサピエンスと遭遇する。この出会いが「交雑」をもたらした。ふたつのグループのメンバー同士が子を儲《もう》け、その子孫に、ネアンデルタール人とサピエンスの遺伝的特徴をブレンドして伝えていった。先に触れた「二‐四パーセント」という数字は、このブレンドの配分がかなり偏っていることを示している。つまり、ごく少数のネアンデルタール人が多くのサピエンスと交雑し、その太古の遺伝的特徴がかろうじて消えずに残って、今日にあってもなお、認識可能な形でとどまっているというわけである。

この仮説を採るならば、ネアンデルタール人がもっとも似ているのがヨーロッパ人であることにも説明がつく。中国やパプアニューギニアのような、ネアンデルタール人がけっして到達したことのない土地には、先祖の一部にネアンデルタール人を含むサピエンスが、その遺伝子を伝えたのだろう。

理屈は通っている。だが、これが唯一の可能性ではない。私たちのゲノムを、カンガルーのゲノム、チンパンジーのゲノムと比較した場合、より私たちに似ているのは後者である。しかし、だからと言って、私たちはチンパンジーとの「交雑」で生まれたわけではない。そうではなく、カンガルーとヒトの共通の祖先より、チンパンジーとヒトの共通の祖先を探す方が、さかのぼる年代が短くて済むというだけの話である。

同じように考えれば、アフリカ人より非‐アフリカ人の方が、ネアンデルタール人とDNAを共有する割合が二‐四パーセントだけ多いというデータにも説明がつく。詳しくは次章で見ていくが、ヨーロッパ人の祖先、アジア人の祖先、そしてパプアニューギニア人の祖先は、北アフリカからやってきた。つまり、ネアンデルタール人が生息していたエリアから、そう遠く離れていない土地である。となると、西、東、南のアフリカ人と比較して、北アフリカのサピエンスはネアンデルタール人と、年代的に見てより近い祖先を共有していたと考えられる。現在のアフリカ人は、数万年の時間をかけてネアンデルタール人との差異を蓄積していった西、東、南のアフリカ人の末裔《まつえい》であり、総体として、ほかの大陸に暮らす人びとよりもネアンデルタール人から遠くなったということである。

もちろん、この種の仮説は、たんに組み立てるだけでなく、つぶさに検証しなければならない。統計学上の細部には立ち入らないようにしておくが、「交雑」仮説にせよ「祖先の共有」仮説にせよ、ケンブリッジ大学で長年にわたり研究に取り組んできたイタリア人遺伝学者アンドレア・マニーカの貢献によって、大いに前進してきたということは言い添えておこう。マニーカの研究によって補強されたふたつの仮説は、どちらを採用したとしても、私たちのゲノムとネアンデルタール人のゲノムのあいだに認められる違いについて、説得力のある解説を提供してくれる。言い換えるなら、この議論はいまなお決着を見ていないということである。スヴァンテ・ペーボは、ひとつめの仮説（「交雑」）を明確に支持している。ペーボほどの研究者が支持している以上は、こちらの仮説と真摯《しんし》に向き合うべきであることは明らかである。

ただ、私としては、「交雑」仮説にいくぶんの違和感を抱いている。人類のふたつの形態、ネアンデルタール人とサピエンスの交雑がほんとうにあったとするなら、地球のどこかに、解剖学的に見て「中間的な」性質をもつ頭蓋骨の持ち主が生きていたはずである。その頭蓋骨は、私たちの頭蓋骨にも、ネアンデルタール人の頭蓋骨にも、すこしだけ似ていたことだろう。だが、今日にいたるまで、そのような化石はひとつたりとも発見されていない。近年の研究は、ネアンデルタール人の絶滅の年代を従来よりも早め、それが起きたのは三万八〇〇〇年前のヨーロッパであると推定している。いままで考えられていたより短くはなったが、それでも、アフリカからやってきたサピエンスと隣り合って生きた期間は、じつに数千年におよぶ。にもかかわらず、ヨーロッパで出土した、当該の年代のものとされるどの骨格も頭蓋骨も、現代的、つまり、私たちサピエンスに近いか、あるいはネアンデルタール人のものであるか、そのどちらかなのである。

なぜ絶滅したのか？

だが、ネアンデルタール人はなぜ絶滅したのか？　さまざまな要因が複雑に絡み合っているため、シンプルで明快な答えというのは存在しない。武器の使用をめぐる技術の差については、前章ですでに述べた。相手がサピエンスであれ、大型の哺乳類であれ、ネアンデルタール人は遠距離から攻撃を仕掛けることを得意としなかった。ネアンデルタール人の石器（**ムステリアン**型の石器）と、サピエンスの生息地で出土したいっそう洗練された石器を比較してみても、技術の洗練度合いの差は明らかである。少し前で見たように、前頭前皮質におけるニューロンの量の違いも、両者の明暗を分けたひとつの要因だろう。

ほかにも、マーク・ソレンセンとウィリアム・レナードによる、基礎**代謝**にかんする興味深い研究がある。つまり、このふたつの人類の形態が、生きるためにどれだけのエネルギー（カロリー）を必要としていたのかを調査した研究である。

ふたりは、体重をもとに平均的な消費カロリーを割り出すという、世界保健機関が発展させてきた単純な方程式を利用することにした。ただし、ネアンデルタール人が生きていた寒冷な気候や、その身体活動を考慮に入れて、方程式には微修正が加えてある。今日の社会において、主としてデスクワークに従事する人物は、一日あたり一五〇〇から二五〇〇キロカロリーを必要とする。先史時代に、デスクワークに就《つ》いていた者はひとりもいない。したがって、初期のサピエンスが必要としていたカロリーは、私たちよりも多かったはずである。だが、ネアンデルタール人の記録には到底およばない。ソレンセンとレナードの計算によればネアンデルタール人は、狩りに出かけなかったとしても一日に四〇〇〇キロカロリーを、狩りに出ていたなら六〇〇〇キロカロリーを消費していた。

これがどれくらいの数字なのか理解するため、具体的な例を考えてみよう。肉一キロには二五〇〇キロカロリーが含まれる。なので、平均的なネアンデルタール人であれば、一日に二－三キロの肉が必要ということになる。インターネットで調べたところ、腕の良い肉屋であれば、七〇〇キロの雄ウシから四〇〇キロの肉を切り出してくるという（先史時代の雄ウシはいまの雄ウシよりも痩せていたに違いないが、その点には目をつぶろう）。となると、二〇人のネアンデルタール人からひとつの集団が形成されていた場合、大型の雄ウシ一頭では、せいぜい一週間とすこししかメンバーの腹を満たすことができない計算になる。概算的な、間に合わせの計算であるには違いないが、おおよそのイメージはつかめるだろう。

これほど消費カロリーが多いとなると、ネアンデルタール人のコミュニティは、大量の食物を日々獲得しつづけないことにはやっていけない。近年の研究が示すところによれば、ネアンデルタール人はじつは野菜も食べていたし、中東では穀物も食べていたらしい。それでも、コミュニティの全成員に日々、サピエンスの集団と比較してよりふんだんな量の肉を提供しなければならなかったという事実は残る。これは、長い目で見れば、サピエンスとの競争を劣勢に導く負の要因となっただろう。

最後に、いまだ物証のない説ではあるが、ずっとあとの時代になって、ヨーロッパ人がアメリカ大陸に足を踏み入れたときに起きたのと同じようなことが、ネアンデルタール人とサピエンスのあいだでも起きた可能性がある。つまり、サピエンスの方ではすでに免疫を獲得していた寄生虫や細菌の蔓《まん》延《えん》である。これが、ネアンデルタール人の運命に致命的な影響を与えた可能性がある。

これらすべての要因や、先に言及した、血縁的に見てきわめて近い相手との結合がもたらす負の影響を考え合わせるなら、自分たちより優れた道具をもっていて、おそらくはより組織化されていた集団の進行を前にして、ネアンデルタール人が競争を避けようとしたというのは、筋が通った説明であるように思われる。何度か痛い目を見たあとで、良質な狩り場を侵略者へ譲り渡し、より過酷な環境の土地へ移動していったのだろう。

だが、このような経過をたどるうちに、ネアンデルタール人の集団はますます細分化していった。食べものを見つけることや、生殖のパートナーを見つけることは、なおいっそう難しくなっただろう。食人と近親相姦《そうかん》は私たちにとって禁忌だが、ネアンデルタール人は最後にはそれに手を染めた。結末はご存じのとおりである。

ひとつ、確実に言えるのは、文化的に見てより発展した集団、つまり、より良い道具を製作するために必要な知識を積みあげ、伝達することに長《た》けた集団が、長い時間をかけて、もう一方を圧倒したということである。より効果的な防寒手段、より有効な狩りの仕組み、より効率的な社会構造を有していた側が、最終的には勝利を収めた。

だが、ネアンデルタール人が絶滅前に、決死の抵抗を試みたらしいこともわかっている。二〇二二年二月、ルドヴィク・スリマク率いるフランスの考古学者のチームが、ローヌ渓谷のマンドリン洞窟で、ヨーロッパにおけるこれまでのところ最古のサピエンスの痕跡を発見した。見つかったのは歯が一本、矢尻、それに刃で、年代は五万四〇〇〇年前だった。つまり、それまで知られていたものっとも古い発掘物（ブルガリアのバチョ・キロ洞窟と、南イタリアのグロッタ・デル・カヴァッロでの出土品）よりも、一万年も古いものだ。しかし、サピエンスがその洞窟で過ごしたのはごく限られた期間、おそらく数十年程度だった。何千年も前からずっと、マンドリン洞窟には、ネアンデルタール人が暮らしていた。そのため、論文の著者らはサピエンスのこの洞窟での滞在を、ネアンデルタール人の縄張りへの「短い襲撃」と捉えている。この第一陣の襲撃隊員はすでに、ネアンデルタール人のムステリアン石器よりも発達した道具を使用していた。にもかかわらず、ネアンデルタール人を駆逐することに成功したのは、サピエンスがこの洞窟で過ごした数十年の、最後の数年間に起きた出来事だった。

サピエンスのヨーロッパへの進行は、快進撃と呼べるような類《たぐ》いのものではなく、計画性を欠いた、行き当たりばったりの長期戦だった。その戦いの結末近くで、さまざまな要因が折り重なって、サピエンスだけが地上に残ることになったのである。

はっきりとした結論を引き出すにはまだ早いが、ふたつの形態の人類が同じ土地をこれだけ長く（ときに敵対しながら）共有していたという事実は、両者の文化的交流について想像をめぐらすよう私たちに促してくる。近年、ネアンデルタール人の化石の発掘現場では、こうした想像を裏づけるような証拠が出土している。

不動の世界に起きた変化

事実、地上での運命が終わりに近づいたころ、ネアンデルタール文化という不動の世界に、なにやら変化が起きはじめた。チッチッロの時代から数千年にわたって不変だったモノや習慣に、新たな兆候が現れてくるのである。これまでに見つかっているのは、おそらく体を飾るのに使っていたのであろうチョークの痕跡、同じく装飾目的で羽がむしられたと思《おぼ》しき鳥の骨、埋葬の儀式があったと想像させる姿勢の骨格などである。

後期のネアンデルタール人に、死者を埋葬する習慣があったのかどうかについては、いまだ意見が分かれている。発掘現場で胎児の姿勢の骨格が見つかったとして、人生の最後の段階で身をすぼめただけなのか、それとも別の誰かの手でそのような姿勢に整えられたのか、明確に判別するのは難しい。後者であった場合、ネアンデルタール人の脳はすでに、死者信仰のような考え方、「あの世」という観念を思いつくほどに発達していたことになる。この点にかんしては、より多くのデータが出そろうのを待った方がいいだろう。いずれにせよ、およそ四万年前に、ネアンデルタール人の社会になんらかの変化が生じたことは確かである。

　だが、マンドリン洞窟の出土品が示唆するように、そのころサピエンスとネアンデルタール人が出会い、まずは遠くから、やがて近くからたがいの様子をうかがい、対立ばかりでなく、ときには平和的な共存関係も試行していたとするなら、そこには新たな物語が開けてくる。文化的な革新が、模倣のメカニズムによって促進されることはじゅうぶんにありえる。小さな子どもが砂の城を作るとき、年長の子どもの城を真似《まね》するのと同じようなことである。

　最後期のネアンデルタール人は、新参の移住者がもちこんだ風習に追随したのかもしれない。スペインのクエバ・デ・ロス・アビオネスとクエバ・アントンでは、首飾りにするために穴をあけられた貝殻が、イタリアのヴェローナからほど近いフマーネでは、食用には適さない鳥を狩って、その羽を抜いていた痕跡が見つかっている。羽はおそらく、体を美しく飾るために使われたのだろう。体に彩色を施すこと、装飾品を身につけること。そしておそらく、親しい人の亡骸《なきがら》を埋葬すること。スペインのエル・カスティージョ洞窟で発見された、世界最古の壁画らしき痕跡。

　ネアンデルタール人の絶滅は、中期**旧石器時代**から後期旧石器時代、すなわち、サピエンスの石器時代への移行を告げるものだが、それに先立ち、ネアンデルタール人は大きな変化を体験していた。そのことが、ネアンデルタール人に恐怖や困惑を引き起こしたかどうかは定かでないが、ひょっとしたら、自分たちが生きてきた数千年という停滞が終わるのだという感覚も、どこかで抱いていたかもしれない。推測の域は出ないものの、こうしてネアンデルタール人の不動の時間は、終わりに向けてふたたび動きはじめたのである。

第8章

すべての祖母の祖母

ホモ・サピエンス

ミトコンドリア・イヴ　20万年前

もっとも近い共通の祖先

まずは注意を促しておこう。本書口絵で再現されている肖像は、骨も肉も備えた女性のものだが、研究者の誰ひとり、その化石を目にした者はいない（いつの日か発掘されたとしても、それが彼女のものであると認識することは不可能だろう）。それでも、私たちの歴史にとって、彼女は重要な位置を占めている。どれくらい重要かと言うと、わざわざ名前が与えられ、それが学術論文や、ときには雑誌、新聞などにも印刷されているほどである。彼女の名前は、ミトコンドリア・イヴ。彼女について語るべきことはいろいろあるが、どのような外観をしていたのかは想像に頼るしかない。

ピサ近郊に本拠を置く企業「エコファアウナ」は教育向けに、動物や植物の３Ｄモデルを制作している。彼女の肖像を手がけたのは、この「エコファアウナ」のアーティストたちである。像は二〇一七年、ローマのエスポジツィオーニ宮で開かれた展覧会「ＤＮＡ――メンデルからゲノムへいたる、生の偉大な書物」のために制作された。

イヴは、薄暗い広大な展示室の中央に腰かけていた。ひと目で妊娠していることがわかり、その表情は希望に満ちている。後世に生きる私たちにはその理由がわかっている。なにしろ彼女は、自身のＤＮＡの一部を、私たち全員に伝えたのだから。この世界に生きるすべての祖母の祖母、それが彼女である。

もう少し説明が必要だろうが、まずは目の前の肖像に集中することにしよう。彼女は、私たちがこの本のなかで出会う最初の**ホモ・サピエンス**である。顔の形、もはや後傾していない額、とがったあご、体のプロモーションからもそれがわかる。全身に目をやるなら、ひざはざらざらとしていて汚れている。狩猟採集の社会（ごくわずかだが、今日の地球上にもまだ存在している）では、女性はひざをついて長い時間を過ごし、果物や根を集めたり、それを細かく刻んだりする。イヴもまた、一万年前までは誰もがそうであったように、狩猟と採集によって食料を調達する集団に属していた。

髪の毛には赤い泥が染みこませてある。同じ泥はネックレスの材料にも使われているし、泥で眉の高さに線を引いてもいる。体を美しく飾ることは、サピエンスの専売特許というわけではない。前章で見たように、ネアンデルタール人もまた、貝殻や鳥の羽で体を飾っていた。だが、ホモ・サピエンスにとって、美しく装うことは生きるうえでの前提のようなものであり、イヴもまたその例にもれなかった。二〇万年前という生息年代にもかかわらず、彼女は自身の外見に気を遣っている。

だが、彼女の像でもっとも印象的なのは、腹を愛撫《あいぶ》している両手だろう。このあたりで、腹のなかにいる子どもについて話を移そう。正確には、子どもと言っても「息子」ではなく、「娘」でなければならない。もっと言うなら、「娘たち」だ。なぜなら、イヴには少なくとも、ふたりの娘がいたはずだから。

イヴが地上に存在したことを私たちが知っていて、そのおおよその生息年代まで把握できているのは、ニュージーランド人の傑出した生物学者アラン・ウィルソンのおかげである。彼はサンフランシスコそばのバークリーで研究に取り組んでいた。今日の私たちが、数万年前を生きた有機体のＤＮＡを分析するのに用いている手法、すなわち、太古のＤＮＡの分析手法は、ウィルソンの研究室で産声をあげた技術である。後続世代のもっとも重要な研究者の幾人かは、まさしくこの研究室から巣立っていった。そのなかにはスヴァンテ・ペーボや、このあと詳しく触れることになる遺伝学者のマーク・ストーンキングが含まれる。一九八七年、アラン・ウィルソンは、ＤＮＡから出発して私たちの歴史を再構築する、素晴らしいアイディアを思いついた。

（この一文を書いて、私は後悔に駆られている。科学者の頭のなかにいきなりランプがともるようなイメージを、読者に抱かせてしまったかもしれないから。「そうだ、すごいぞ、ひらめいた！」というわけだ。もちろん、それは現実とは異なる。アルキメデスの時代なら、そういうこともあっただろう。現代の科学者は、対面でも、離れた場所にいても、つねに議論を交わしている。科学者は可能性を追求する。議論に熱がこもり、声を荒らげることもある。はじめは最高だと思えたアイディアが、じつはそうではなかったことがわかって、憂鬱な気分で方向を転換する。すこし先の出口にたどりつくため、協力して、すこしずつ、正しいプロセスや推論を積みあげていく。現代におけるいかなる発見も、ひとりの天才的な頭脳から生まれることはない。だが、先の一文は削除しないでおこう。なぜならアラン・ウィルソンには、誰もが見えていたはずなのに、誰もじゅうぶんには理解できていなかったことを、誰よりも早く看破してみせた功績があるのだから）

一〇〇人の集団を思い浮かべて、思考実験をしてみよう。この人たちの系図をたどって、子から親へ、三世代、四世代、さらには一〇〇〇世代前へ、どんどん時間をさかのぼっていく。ただし、ここで注意が必要だ。多くの動物と同じように、私たちの種の場合も、ひとつの個体には父と母がいる。したがって、現在から過去へさかのぼるなら、世代をひとつ後戻りするたびに、先祖の数が倍になる。祖父母は四人、曽祖父母は八人……これでは多すぎる、複雑すぎる。

話を単純にするために、誰にとっても（生物学上の）母親はひとりしかいない点に着目して、母親に焦点をしぼることにする。先に想定した一〇〇人のグループにとって、考えられる可能性はふたつしかない。一〇〇人全員が異なる母親から生まれている、したがって、ひとつ世代をさかのぼれば一〇〇人の母親がいるというケース。あるいは、ふたりないしそれ以上が同じ母親から生まれていて、ひと世代前には九九人か九八人（もしくはそれ以下）の母親がいるケース。さらに歩を進めて、もう一世代さかのぼってみよう。今度もまったく同じことが起きる。先祖（母親）の数は、変わらないか、ごくわずかに減少するはずである。少しずつ過去へさかのぼっていけば、先祖の数はどんどんと減る以外になく、最後はひとりしか残らなくなるだろう。そのひとりが、系図全体にとっての、もっとも近い共通の祖先である。

遺伝学において、系図の二本の線をさかのぼっていくことでひとりの人物に行き着く現象のことを、**合着**（**合祖**）という。一〇〇人から出発したなら、女系の系図を現在から過去へたどっていくことで合着を繰り返し、九九パーセントの正確さで、いつかは共通の祖先にたどりつく。もちろん、男系の系図にかんしても同じ議論が当てはまる。

ここで、アラン・ウィルソンがしたように、大きなスケールで考えてみよう。一〇〇人ではなく人類全体を、あるいは、ほんとうに全体でなくとも、全体を代表していると見なすことのできる、すべての大陸の住人を含むサンプルを相手にするのである。やることは一〇〇人のときと変わらない。ただ、全員にとっての共通の祖先にたどりつくのが、ずっと過去の時点になるだけのことである（平均するなら、パレルモ人とメッシーナ人〔訳注：いずれもシチリア島の都市〕の共通の祖先をたどる方が、メッシーナ人と韓国人の共通の祖先をたどるより早く済むはずである）。

万人の祖先であるなら、彼女を「イヴ」と呼んでも差し支えないだろう。同じ立場にある男性のことは、「アダム」と呼べばいい。その定義からして、イヴにはすくなくともふたりの娘がいなければならない。なぜなら彼女は、数多《あまた》の系図の線が合着する、最後の一点なのだから。

アダムだのイヴだのといった呼称を、読者があまり真剣に受けとめないうちに、これはなかば冗談交じりの命名だということを言い添えておくべきだろう。私たちのイヴとアダムが、同じ場所、同じ時代に生きていたという保証はどこにもない。というか、ふたりが出会っていたというのは、現実的に見てありえない想定である。

なぜそれがわかるのか？　ここまで私たちは系図について、つまり、誰が誰の娘なのかという問題について語ってきた。アダムとイヴを時の流れのなかに適切に位置づけるために、今度は遺伝学を参照することにしよう。

人類の起源アフリカ

私たちの体のどの細胞においても、私たちのゲノムは四六本の**染色体**のなかに存在する。染色体の半分は母親から、もう半分は父親から伝えられる。しかし、ふたつだけ例外がある。ＤＮＡの小さな断片、ミトコンドリアＤＮＡは、母親だけが（男女問わず）子に伝える。もうひとつの例外、**Ｙ染色体**は、父から息子にしか伝わらない。したがって、もしイヴが万人にとっての共通の祖先なら、今日の地上に生きるすべての人間は、彼女からミトコンドリアＤＮＡを受け継いでいる。

だが、このミトコンドリアＤＮＡは、世代を超えて永遠に不変であるわけではない。変異の通常のプロセスを経ることで、すこしずつ変化が重なり、さまざまな異型《バリアント》が発達していく。第５章で見たとおり、ＤＮＡのこうした変異はほぼ一定のリズムで蓄積される。変異が起きる規則性に基礎を置いているのが、**分子**時計の手法である。

したがって、今日のＤＮＡに認められる差異を調べれば、私たちのすべての系図がたったひとりの祖先、すべての祖母の祖母、すなわちイヴに行き着くまで、どれだけ時間をさかのぼればいいのかが見えてくる。レベッカ・キャン、マーク・ストーンキング、アラン・ウィルソンの三人は、合着の理論と分子時計の手法を組み合わせることで、現生人類からひとりの祖先にたどりつくまでの時間を、およそ二〇万年と算定した。全大陸の住人をカバーする人類の広範なサンプルが、いま現在認められるようなミトコンドリアDNAの差異を蓄積するまでに、それだけの時間がかかったということである。

わかったことはそれだけではない。三人はこれらの差異を樹木の形で表現した。短い枝は類似するDNAを、長い枝はあまり似ていないDNAを結びつけている。そうして、ある種のピラミッドのような図ができあがった。その突端には、ほかでもないイヴがいる。こうして、ひとり彼女だけでなく、彼女の多くの子孫（私たちの遠い祖先）もまたアフリカに暮らしていたことが示された。アジア、ヨーロッパ、アメリカに暮らす祖先が現れるのは、だいぶ時代がくだったあとのことである。まずはアフリカで進化の最初の段階に到達し、それから誰かが、別の大陸へ踏み出していったのだと考えられる。

私たちはアフリカに起源をもつ。化石も、考古学的な発掘物も、そのように伝えている。アラン・ウィルソンの研究チームはそこに、パズルの三つめのピースを加えた。遺伝学的なデータというピースは、ほかのふたつのピースと完全に合致した。

ことの重大さを理解するために思い出してみてほしいのは、一九八〇年代の時点ではまだ、最初期のサピエンスが生まれたのは（古生物学者が提案するように）アフリカなのか、それとも（ごくわずかの遺伝子研究が示唆するように）アジアなのか、はたまた、第4章で言及した**多地域進化説**の支持者が主張するように、世界中のいくつもの土地なのか、はっきりとした答えは出ていなかったということである。キャン、ストーンキング、ウィルソンの論文の発表から一年後、『ニューズウィーク』誌の表紙には、エデンの園でイヴがアダムにリンゴを差し出しているイラストが掲載された。ふたりとも、アフリカ人として描かれていた。ただし雑誌は、人類のアフリカ起源説には「疑義がある」と書き添えることを忘れなかった。

当時はそうだったかもしれないが、いまは違う。なかには、表紙のイラストを素直に信じてしまう読者もいたかもしれないが、先ほども書いたとおり、Y染色体の研究によって特定されたアダムに、ミトコンドリア・イヴがリンゴを渡したということはありえない。生きた時代が違うからである。ふたりともアフリカ人であることは間違いない。しかし、近年の計算では、アダムはイヴよりも五万年ほど前の時代を生きたとされている。

無数のアダムとイヴ

なぜこんなことになるのだろう？　私たちのゲノムは膨大であり、そのひとつひとつが異なる歴史を背負っている。つまり、誰もが同じ系図を有しているわけではない。目は父方の祖母に、頬骨《ほおぼね》は母方の祖父に、手はまた別の祖母に似るといった具合に、私たちのもとには、さまざまな祖先のＤＮＡが流れこんでいる。もし、これらの部位ひとつひとつの歴史をさかのぼることができるなら、そのすべてにかんして、全人類の共通の祖先に出会うことができるだろう。

要するに、私たちには無数のアダムとイヴがいて、そのひとりひとりがＤＮＡの特定の部位の源流に位置しており、それぞれが異なる場所と時代に生きていたのである。『ニューズウィーク』の表紙に描かれたふたりは、無数に存在するアダムとイヴのなかで、もっとも特定がうまくいったカップルであるに過ぎない。なぜ特定が成功したかと言えば、このふたりのＤＮＡは、過去への道筋がもっとも単純な二本の線に沿って、私たちのもとへたどりついたからである。二本の線とはつまり、女性だけが後世につなげられるミトコンドリアの線と、男性だけがつなげられるY染色体の線である。

要するに、古生物学者の見解は正しかった。最古のホモ・サピエンス、というか、現生人類の解剖学的特徴を備えた最初の化石は、エチオピアのオモ・キビッシュから出土している。生息年代は約一九万年前。イヴが生きたとされる時代とすこしだけ（一万年だけ）ずれているが、それはたいした問題ではない。そもそも、ふたつの年代がぴったり一致しなければいけない理由はどこにもないのだから。オモ・キビッシュの化石は、一九万年前のアフリカにすでに、（きちんとした服さえ着せてやれば）バスで私たちの隣に坐《すわ》っていたとしてもなんら違和感のない人びとが暮らしていたことを示している（反対に、ネアンデルタール人が隣の席に坐ったら、私たちは大急ぎでバスを降りるだろうと、遺伝学者のスティーヴ・ジョーンズは言っている）。

イヴは私たちにとっての重要な祖先であり、生きた年代も場所もオモ・キビッシュの化石とおおよそ重なる。だが、それは彼女が最初のサピエンスであることを意味しない。彼女には母もいたし、祖母もいたし、もっと先の祖先もいただろう。イヴは集団のメンバーのひとりとして、子（娘）を儲《もう》けるためのパートナーを見つけ、その娘たちがミトコンドリアDNAを後世に伝えた。特別なことはなにもない。ただ、彼女は偶然にも、現在流通しているすべてのミトコンドリアDNAの複製元となり、私たち全員のミトコンドリアDNAにとってもっとも近い共通の祖先となった。

全人類のそのほかの共通の祖先は、イヴよりも後に生きた者もいれば、あるいはアダムのように、イヴよりすこし前に（あるいはずっと前に）生きた者もいるだろう。ひとつ例をあげるなら、**HLA**（ヒト白血球抗原）**遺伝子**と呼ばれる、免疫系を統御する遺伝子の途方もない**変異性**がある。この遺伝子が個体ごとに異なるために、感染症にたいする反応にも（ときに大きな）個人差が出ることになる。分子時計で計算したところ、これらの遺伝子の共通の祖先は、女性か男性かはともかくとして（今回のケースでは性別は関係ない）、数百万年前の時代を生きていたと考えられる。私たちひとりひとりのゲノムとは、異なる時代に生きた先祖たちからさまざまなルートをつたって私たちのもとへたどりついた、無数の断片の集合である。一方で、私たちはみな膨大な数の祖先を有しているにもかかわらず、個々のＤＮＡの源流を訪ねればかならずひとりの共通の祖先に行きつくという事実に、多くの読者は驚きを禁じえないだろう。

出アフリカ

人類の起源がアフリカにあることが確定したおかげで、既存の誤った理論が一掃され、私たちサピエンス、今日まで生き残った唯一の人類の種が、地球全土にどのように広まったのかについて、集中して議論できる環境が整った。なによりもまず、その長いアフリカ時代、サピエンスはどのような生活を営んでいたのか？

総じて言えば、余裕のない日々だっただろう、それは疑いの余地がない。すでに述べたとおり、サピエンスはまだ食料を生産する方法を知らなかった。いまからほんの一万年前、農業が誕生するまで（このテーマについては第14章で論じよう）、食料を調達する手段は狩猟と採集のふたつしかなかった。それでも、獲物や果実がふんだんに手に入る時期であれば、そう苦しい生活でもなかっただろう。夕食の目途《めど》さえつけば、あとはぶらぶらして過ごせばいい。この点は、一日中働きづめの農民とは大きく異なる（このあたりの事情は、現代の狩猟採集民や、なお未発達の農業に従事する人びとにかんする人類学の研究が教えてくれる）。だが、幸福な時代はやがて終わり、苦難の日々がやってくる。一万年以上前に、狩猟採集者が暮らしていたとされる地域から、食べ物の保存容器はひとつも発見されていない。そんなものは必要なかった、なぜなら、保存しなければならないほど食べ物が手に入ることなどなかったのだから。狩猟採集者は不安定な生活を送っていた。だからこそ、こうした生活様式を営む人びとは、かつてもいまも数が少ないのである。

ここで年代に注意を向けよう。オモ・キビッシュの化石は一九万年前のものである。それにたいして、食べ物を生産する技術が生まれたのは一万年前。つまり食料の調達は、ホモ・サピエンスの歴史の一九分の一八の長きにわたって、死活問題でありつづけたということである。

サピエンスの狩猟採集者は、（考古学的な発掘物が伝えているとおり）より技術レベルの高い石器を用いていたとはいえ、ネアンデルタール人や、そのほか先行する人類と生活様式の面で異なっていたわけではない。サピエンスもまた、半‐放浪《ノマド》の生活を送っていた。食べ物がある土地にしばらくとどまり、その土地の資源が枯渇したら別の土地へ移ってゆく。火事や、肉食動物からの攻撃も、移動を考えるきっかけとなっただろう。

この生活様式には利点もある。頻繁に移動するので、周辺を探索する機会に事欠かない。もちろん、明確な目的をともなった探索とは違う。そのころのサピエンスにはまだ、コンパスも地図もなかったのだから。だが、放浪の習性は、いつしか一部のサピエンスをアフリカの辺境へ導き、ついにはアフリカの外まで連れ出した。

中東には、不首尾に終わったらしい早期の探索の痕跡が残っている。現在のイスラエルのふたつの土地、カルメル山のスフールと、ナザレのそばのカフゼーにて、ひじょうに古いサピエンスの骨格が発見された。そのうちのいくつかは、胎児のような姿勢で埋まっていた。そこからそう遠く離れていない場所に、タブーンとケバラという、ネアンデルタール人の化石の発掘現場がある。年代が特定される前は、これら四箇所から出土した化石は、ネアンデルタール人からサピエンスへの主導権の移行を裏づけるものだと思われていた。それどころか、多地域進化説の信奉者からすればこの化石は、ネアンデルタール人がサピエンスに進化したことの証拠だった。タブーンとケバラで発見された、より古い時代の特徴をもつ頭蓋骨の主が先祖であり、スフールとカフゼーの、より現代的な頭蓋骨の持ち主が子孫というわけである。

だが、いまではこの説は却下されている。サピエンスの骨格（スフールとカフゼーで発見された方）は一〇万年前に、ネアンデルタール人の骨格（タブーンとケバラで発見された方）は四万年から六万年前に属していることがわかったからである。あとの時代に生きた者が、前の時代に生きた者の先祖であるのは理屈に合わない。スフールとカフゼーのサピエンスは、同じエリアに生息していたネアンデルタール人の子孫ではないし、その土地からネアンデルタール人を追い出したわけでもない。

むしろ順序は逆である。まずはサピエンスがアフリカを出て、およそ一〇万年前に地中海沿岸に居を定め、しかしそこより先へ進むことはせず、それから数万年後に、ネアンデルタール人がその土地をわがものとした。気候の変化が、サピエンスにとってマイナスに働いた可能性もある。およそ八万年前、中東の気候はそれまでよりも乾燥し過酷になったが、ネアンデルタール人はサピエンスよりも寒さに耐性があった。現代のヨーロッパ人やアジア人のなかに、スフールやカフゼーのサピエンスの子孫が残っている可能性は、かぎりなくゼロに近いだろう。

だが、最終的には、サピエンスはアフリカを出ることに成功し、そのほかの大陸へ散らばっていった。どのようにしてそれを成し遂げたのか、どのような経路をたどったのかについては、いまだわからないことの方が多い。もっとも、これほど遠く離れた時代の出来事となると、ある程度図式的にしか再現できないのも事実である。

したがって、決定的な「出アフリカ」は一度か二度しかなかったとしても、それはなにも、より規模の小さなたくさんの移住行為が存在しなかったという意味ではない。私たちの起源の土地から、小さな集団は絶えず旅立っていったはずである。移住に成功し、新しい集団の繁栄につながることもあっただろうし、反対に（スフールとカフゼーでそうだったように）不首尾に終わったこともあっただろう。また、移住の道筋を逆にたどり、中東からアフリカへ戻った者もいたことだろう。だが、それから数万年後を生きる私たちにできるのはせいぜい、サピエンスにとってきわめて重要な意味をもつ移住を再現すること、そして、それが一度きりだったのか、あるいは二度、三度と起きたのかを理解することである。このテーマにかんしては、いまなお議論が続いている。確実に言えるのは、およそ六万五〇〇〇年前、サピエンスの誰かが現在のエジプトを通過し、そこから中東へ向かったということである。

さらに昔の移住、いまから一〇万年以上前の**南方ルート**を通った移住については、そうした移住がほんとうにあったのかどうか、いまも疑義が呈されている。アフリカの角《つの》からアラビア半島の南へ直接向かい、そこから中央アジアの沿岸づたいに進み、最後は極東とオーストラリアに到着するルートである。マンゴ湖で発見された、オーストラリア最古の化石骨格は、六万年から四万二〇〇〇年前のものとされている（第12章参照）。アフリカを出たサピエンスの集団がどの程度の速さで移動していたのかはわからないが、エジプトからオーストラリア南部までの全行程を五〇〇〇年で踏破したというのは、さすがに無理があるように思える。これが、より古い時代の移住について考慮すべきだとする、主たる理由のひとつである。

実際、アラビア半島南部のジャベル・ファヤ遺跡から出土した斧《おの》の先端やそのほかの道具は、一二万五〇〇〇年前にはサピエンスがこの土地に到達していたことを示している。とはいえ、この集団（化石骨格はまだひとつも見つかっていない）がアラビア半島にとどまったのか、東への行程をさらに進んでいったのかは、現時点では判然としない。この点については、第12章であらためて検討することにしよう。

確かなのは、アフリカから出た最初のサピエンスは、アフリカ大陸全体を代表するサンプル集団ではなかったということである。高温多湿の環境では、DNAの保存状態が良好に保たれることはまれであり、アフリカ人の太古のDNAデータを調べようと思っても、せいぜい数千年しかさかのぼることができない。だが、これほど広大な大陸に散らばっていたのなら、差異が蓄積されていったと考える方が自然である。東に暮らしていた人びとは遺伝的に見て、西の人びととは異なっているし、中央や南の人びとは、北の人びととは違う。アジアとヨーロッパへの大いなる跳躍は、放浪の生活のなかで、北へ北へと移動していた人たちが成し遂げたのである。遺伝学者のアンドレア・マニーカは「構造化された集団」というアイディアを提唱し、アフリカの太古のサピエンスに集団間の差異が蓄積されていたと仮定することで、現代のヨーロッパ人（およびアジア人、メラネシア人）のDNAがネアンデルタール人のDNAに類似していることを、「交雑」の仮説を抜きにして説明できると主張している。

これについても、まだまだわかっていないことは多いが、わかっていることについては、次章で詳しく見ていくことにしよう。サピエンスとネアンデルタール人のあいだには、平和な交流もあったということを、次章を通じて伝えていきたい。

第9章

混血

ホモ・サピエンス

ワセ2号　3万7000年前

中東からヨーロッパへ

額は広く、あごはとがっており、目の上に突き出た邪魔っ気なひさしは見当たらない。それでも足りないというのなら、このさわやかな笑みに着目してはしい。もはや疑いの余地はない。目の前にいる男性は、私たちのひとりであり、私たちの種に属している。そう、ただし、「ある程度までは」という留保つきで。厳密には、彼は九四パーセントだけ、私たちと同じ存在である。

現在のルーマニア、セルビアとの国境近く、「骨がある洞窟」を意味するペシュテラ・ク・ワセで発見された。そこは、第7章のアルタムーラと同じく、水流によって穿《うが》たれた洞窟である。内部に転落したり迷いこんだりした多くの哺乳類の化石を迎え入れている点も、アルタムーラと変わらない。プーリアにはハイエナがいたが、こちらにはアルプスアイベックスがいる。チッチッロの時代から数万年が経過し、動物相はすでに現代とそう変わらなくなっている。現在は土砂でふさがれている古い開口部のそばに、「下あごの広間」と命名された空間がある。名前の由来は、説明するまでもないだろう。この場所で、二体のヒト、ワセ1号とワセ2号の骨が発見された。埋葬されていたわけではない。水の流れが、どこからかはわからないが、骨をここまで運んだのだ。それはたいへん古い骨だった。二体のワセはしばらくのあいだ、ヨーロッパのホモ・サピエンスとしては最古の化石として認知されていた。

いまでは、もっと古い化石が見つかっている。最古の記録は、同じくバルカン半島、ブルガリアのバチョ・キロ洞窟で発見された四万五〇〇〇年前の歯によって塗り替えられた。ブルガリアとルーマニア。中東からアナトリア高原を進んだサピエンスは、バルカン半島からヨーロッパに入った。これが、いちばん理屈に適《かな》ったルートである（もっとも、これまでにも見てきたとおり、いちばん理屈に合った説がつねに最良であるとはかぎらないのだが）。

それで、バルカン半島にたどりつくまで、どれくらいの時間がかかったのだろう？　この問いに答えるのは簡単ではない。計算するには、ワセの祖先がいつアフリカを出たのか正確に知る必要があるが、あいにく私たちの手もとにそのようなデータはない。概算的な数字なら示すことができるが、あくまで想像にもとづくものである。中東にやってきた最初期のサピエンスは、全員がいっしょに、同じタイミングで移住したわけではない。それは段階的なプロセスであり、たくさんのグループがてんでんばらばらにアフリカを出て、行き当たりばったりに新たなテリトリーを開拓したのである。前章から繰り返していることだが、サピエンスの遠征のなかには不首尾に終わったものもある。そのことは、スフールとカフゼーの化石が教えてくれている。それでも、さまざまな移住の日付から、その平均と見なしうる数値を算定しておくことには意味がある。

したがって、これから示す数値は、アフリカから出たサピエンスが「定常的に」新たなテリトリーに居住するようになった年代を指している。遺伝学者の説を信じるなら、その年代は、七万年前から五万六〇〇〇年前のあいだであると推定される。この移住の主役が誰だったのかはわからない。この移住者たちにかんしては、化石骨格も、考古学的な痕跡も発見されていないからである。だが、この人たちの子孫（つまり私たち）の遺伝子なら残っており、それをもとに、コンピューターで複雑な計算とシミュレーションを行うことで、世界中の人びとが、アフリカの小さな創始者集団から出発して、今日認められるような遺伝子の差異を蓄積するまでには、どの程度の時間を要するのか見積もることが可能になる。

中東からヨーロッパへ、すなわち、イスラエルからブルガリアへの道のりを踏破するのは、そう簡単な話ではなかっただろう。第7章で、フランスに暮らしていたサピエンスのいちばん古い痕跡（化石ではなく、考古学上の痕跡）は約五万年前のものであることを確認したが、それは一時的な遠征のようなものであって、そのエリアはのちに、ネアンデルタール人によって長きにわたり占有される。したがって、先駆者たちはたいへんな急ぎ足でヨーロッパへ向かったにしても、移住先の土地でサピエンスが確固たる地位を得るには、相当な時間、おおよそ一万年を要したということである。

新しい環境を探索する、ヨーロッパの最初のサピエンスを想像してみよう。それは、少人数ではあるが、技術水準は高い集団である。石だけではなく、骨、角、象牙なども、道具として利用している。切るための刃や縫うための針をもっており、衣類を縫う技術があったために、寒さへの耐性も備えていた。また、この人たちは槍《やり》や矢も所持していた。これら先進的な発明のおかげで、サピエンスの小集団は新天地での生活に適応し、子孫の生存に有利な状況を整えることができた。こうして、少しずつ数が増え、新しい集団が形成されていく。土地はじゅうぶんに足りていた。

正確な人口調査を実施できるほど化石が見つかっているわけではないが、サピエンスの数がどの程度だったのかを大まかに見積もることはできる。フランスの人口統計学者ジャン＝ピエール・ボケ＝アペルは、後期旧石器時代にサピエンスが占めていたヨーロッパの土地面積に、現代の狩猟採集民の平均的な人口密度を掛け合わせることで、当時のサピエンスの人口を四万人程度と推定した。イタリアの例となり恐縮だが、だいたいビトントやスカンディッチの人口と同程度である。

ひどく少ないように思えるかもしれないが、実際にはそんなことはない。これは、ネアンデルタール人を圧倒するにはじゅうぶんな数字だった。ふたつの集団の規模を比較するために、ポール・メラーズとジェニファー・フレンチのふたりは、最後期のネアンデルタール人に特有の技術を用いた道具（**シャテルペロン**型の石器）と、フランス南西部のアキテーヌで発見された初期サピエンスの道具（**オーリニャック**型の石器）の数を数えるという、ひどく手間のかかる作業を行った。それは曖昧さのつきまとう作業でもあった。なかには、サピエンスとネアンデルタール人のどちらに属すのか（あるいは両方なのか）はっきりしない石器もあった。それでも、居住圏の数やその広がり、特定のエリアに居住していた人びとの数を考慮することで、計算の精度を高めることはできる。特定エリアの居住者数をどうやって見積もるかというと、その土地で発見された、食用になる動物の化石の量から推定するのである。メラーズとフレンチは、四万四〇〇〇年前から三万五〇〇〇年前までのあいだ、アキテーヌに生息していたサピエンスの人口はネアンデルタール人の一〇倍だったと結論づけた。この議論を敷衍《ふえん》するなら、ヨーロッパ全体のサピエンスの人口が四万人だった場合、ネアンデルタール人は四〇〇〇人ということになる。これらの数字を額面どおりに受けとる必要はないが、ふたつのグループのうち、最終的にどちらが優勢を占めるかは、誰の目にも明らかだろう。

だが、結末はすぐには訪れなかった。ヨーロッパでサピエンスとネアンデルタール人が共存していた数千年間、ふたつのコミュニティのあいだになにが起きたのかという点については、多くの仮説が提示されている一方で、ごくわずかなデータしか得られていない（サピエンスとネアンデルタール人は時として、文字どおり目と鼻の先に暮らしていたこともある。同じ谷のふたつの斜面から、シャテルペロン型の石器とオーリニャック型の石器が出土したことがあるのである）。

第6章で見たとおり、イラクのシャニダールでは、サピエンスの手で殺《あや》められたと思《おぼ》しきネアンデルタール人の化石（シャニダール3号）が発見されている。他方、第7章で見たように、サピエンスとの接触が、ネアンデルタール人の創造性を刺激したらしきケースもある。ネアンデルタール人は新たな移住者の風習の一部を取り入れ、体を美しく飾る以外には使い道のない物を収集するようになっていた。したがって、両者のあいだには暴力的な衝突が生じていた一方で、より友好的な関係が築かれていた事例もあったと考えられる。ひょっとしたら、ヨーロッパのどこかで、サピエンスとネアンデルタール人の混成コミュニティが形成されたこともあったかもしれない（ただし、こうしたコミュニティの実在を裏づける証拠は、いまのところ発見されていない）。

運命的な出会い

そして、ほかでもないワセの化石が、ネアンデルタール人とサピエンスのあいだに、たんに「友好的」という以上の関係があったことを証言している。だが、それについて解説する前に、この先の議論で用いるちょっとした「トリック」について、申し開きをしておきたい。すでに見てきたとおり、ワセで発見された化石は二個体に属すものだが、私はそれを、ひとりの化石であるかのように扱うつもりである。ワセ2号については、私たちは完全な頭蓋骨を有しており、ケニス兄弟はこの化石をもとに肖像を再現した。一方、ワセ1号については、私たちはDNAの情報を有している。そこで、本を書く人間に許された特権を行使して、このふたりをひとりの人物に融合させてしまおうと思う。もちろん、矛盾をはらむ手口であることは承知している。すでに何度も書いてきたとおり、いくら同じ土地に暮らしているからといって、グループの構成員のあいだには、解剖学的にも遺伝学的にも、さまざまな違いがあるのである。とはいえ、第7章で見たように、ネアンデルタール人のゲノム第一号は、三体の化石を統合して得られたのではなかったか？　なら、私がここで、ふたつの化石をひとつの個体のものとして扱っても、それほど重大な詐術とは言えないだろう……。

ワセ1号のゲノムには、ふたつの明確に異なる構成要素が認められる。それは、私たちの母方と父方の祖父母の物語が別物であるのと同じように、ふたつの異なる物語について伝えている。ひとつめの構成要素は、ネアンデルタール人の特徴を備えている。これは誰に由来しているのか？

答えを知るには、すこし計算をする必要がある。私たちは母親と父親から、ちょうど半分ずつのゲノムを、祖父母四人からは、およそ四分の一ずつを受け継ぐ（なぜ「およそ」かと言うと、両親の細胞のなかで、祖父母の寄与の度合いがブレンドされるからである）。同じように、それぞれの曽祖父母からはおよそ八分の一、それぞれの高祖父母からは一六分の一を受け継ぐ。一六分の一というのは、六・二五パーセントに相当する。スヴァンテ・ペーボの研究チームは、ワセ1号はネアンデルタール人由来のゲノムを、六パーセントから九パーセントほど有していると算定した。六から九というのは、あくまで概算的な数値である。というのも、私たちとネアンデルタール人のＤＮＡは重なる部分が多いため、どちらに由来するのか確実に特定することは困難だからである。ともあれ、見た目はサピエンスそのもののワセではあるが、そう遠く離れていない先祖（おそらくは高祖父か高祖母）に、ネアンデルタール人がいたということである。

つまり、ワセは典型的なサピエンスであるだけでなく、「混血児」でもある。ワセのＤＮＡはたんに、サピエンスとネアンデルタール人のあいだに、平和な交流があったことを示しているだけではない。それはまた、混血によって生まれた子どもが、さらに子どもを成したということを意味している。

それなら、私たちサピエンスとネアンデルタール人は同じ種に属しているのではないのか？　そう疑問に思った読者がいるかもしれない。この問題については、もっと先、最終章で論じることにしたい。さしあたりここでは、この手の事例について考えるにあたって、種の概念はあまり助けにならない。

いどころか、混乱を引き起こす可能性すらあるとだけ指摘しておきたい。スヴァンテ・ペーボは、サピエンスとネアンデルタール人が同一の種か否かというのは、正しい問題の立て方ではないと言っている。私もまた、彼と同意見である。

ここまでの議論をまとめるなら、だいたい次のようなシナリオを思い描くことができる。いまから数十万年前、だいたい五〇万年前から七〇万年前までのあいだ、人類の集団、おそらくはホモ・ハイデルベルゲンシス（第5章参照）の集団が、アフリカの地でふたつに分かれた。一方はアフリカにとどまり、もう一方は北へ移住して中東へたどりついた。そこでふたたび集団はふたつに分かれる。一部は東へ、アジアへ向かい、そこで謎多きデニソワ人に発達した。別の人びとは西へ向かい、時の経過とともに、ネアンデルタール人の集団が形成された。

そのあいだ、アフリカに残っていた人びとが無為に過ごしていたわけではない。この人たちは少しずつ、ホモ・サピエンスとしての形態を獲得していった。サピエンスは数万年のあいだ、あらゆる狩猟採集民と変わらない生活を送っていた。頻繁に居住地を変え、動物の群れを追い、居心地の悪い土地からは逃げ出した。

このようにして、サピエンスの集団は新しい土地を探索し、いまから一〇万年前に、中東までやってきた。すでに見てきたとおり、この土地で立ちどまった者もいれば、さらに先へ進んだ者もいる。中東に残った人びとも、七万年前から五万六〇〇〇年前のあいだ、けっして一枚岩で過ごしていたのではなかった。近隣に暮らすグループと資源の奪い合いになり、激しい衝突を避けるために土地を移る必要に迫られることがあったからである。

そこで、一部の集団はアジアへ、また別の集団はヨーロッパへ歩を進めた。双方とも、移住先で自分たちとは異なる形態の人類に出会った（アジアではデニソワ人、ヨーロッパではネアンデルタール人）。サピエンスはこの人たちと、たがいに殺し合ったり、遠巻きに見つめ合ったりしただけではなかった。そのことは、ワセ1号のＤＮＡや、ブルガリアのバチョ・キロ洞窟の歯から抽出されたＤＮＡが伝えている。入念な計算の結果、研究者はこの宿命的な出会いが起きた年代を、六万五〇〇〇年前から四万七〇〇〇年前のあいだと見積もっている。

仮に、ワセ1号のゲノムの構成要素、全体の六－九パーセントを占める部分がネアンデルタール人の高祖父に由来しているとするなら、残りの九一－九四パーセントは、そのほか一五人の高祖父母に由来していることになる。それは明らかにサピエンスのＤＮＡであり、遺伝子のカクテルがバランスを失っていった過程もごくシンプルである。どこかのネアンデルタール人がサピエンスとのあいだに子を儲《もう》けたが、当然ながら、世代を経るにつれて寄与の度合いは薄まっていく。

だが、ここですこし立ちどまって考えてみよう。もしワセ1号の高祖父のひとりがネアンデルタール人なら、この高祖父はワセが生まれる約一〇〇年前（四世代前）に、サピエンスの女性とのあいだに子を儲けたことになる。ワセの化石が発見されたのはルーマニアなので、高祖父が子を成したのが中東であるとは考えづらい（ルーマニアから中東までは数千キロも離れている）。ワセ1号とバチョ・キロのＤＮＡは、サピエンスとネアンデルタール人とのあいだに、幾度もの邂逅《かいこう》があったことを物語っている。サピエンスがすでにヨーロッパにいたときも、ヨーロッパまであとすこしという場所にいたときも、私たちは何度も出会っていたのである。

ペーボの研究チームは当初、中東で交雑が起きたという説を唱えていた。そう考えれば、東アジアやメラネシアなど、ネアンデルタール人がけっして足を向けることのなかった土地に、ネアンデルタール人のＤＮＡが存在することの説明がつくからである。アフリカから出たサピエンスの先駆者集団が、中東でネアンデルタール人と交雑し、サピエンスの子孫の健脚が、ネアンデルタール人のＤＮＡ

を極東まで運んだというわけである。私はこれまで、ルーマニア（ワセ）、ブルガリア（バチョ・キロ）、そして中東で起きたと考えられる三つの交雑について語ってきたが、これが氷山の一角でしかないことは明らかである。サピエンスとネアンデルタール人の運命的な出会いは、何度も、いたるところで生じていた。

交雑理論への疑問

サピエンスとネアンデルタール人の接触は、後世にどのような帰結をもたらしたのか？　交雑理論によれば、その影響は計り知れない。現在、アフリカ以外の土地で生きている全人類（全人類、である）のＤＮＡの一部（二－四パーセント程度）は、これまでに書いたような出会いを通じて、ネアンデルタール人の祖先から受け継がれているというのである。だが、私はここで、ひとつ注意を促しておきたい。なるほどたしかに、ワセ１号とバチョ・キロのＤＮＡは、サピエンスとネアンデルタール人のあいだに交雑が起きたことを伝えている。だが、過程はどうあれ、六五億人（今日の地球に暮らす、すべての非－アフリカ人）がこの交雑から生まれた子孫であるとするのは、はたして筋の通った説だろうか？

ワセ１号とバチョ・キロのＤＮＡの「サピエンス由来」の構成要素を調べたところ、現代のヨーロッパ人には認められない特徴が確認された（バチョ・キロのＤＮＡはむしろ、現代のアジア人と類似点がある）。現代のヨーロッパ人のゲノムには、アフリカから出た第一グループがヨーロッパに到着したよりあとの、三度の大規模移住の影響がはっきりと認められる。そして、肝心のワセ１号は、この第一グループの子孫であると考えられている（この点については、第14章であらためて検討しよう）。最初期のヨーロッパ人と、それよりもあとにやってきた人びとのあいだにどのような関係があるのか、はっきりとしたことはまだわからない。だが、ワセ1号が私たちの系図に含まれるというのは、ありそうもない話であるように思える。彼はヨーロッパに暮らしていた最初期のサピエンスのひとりだが、ヨーロッパの全サピエンスの祖先というわけではない。

とはいえ、ここはフェアに行きたいと思う。私が心からの敬意を抱いている同業者の多くは、私のこうした疑念を共有しておらず、交雑理論をためらいなく支持している。だが、私としてはどうしても、途中で納得のいかない部分に行き当たってしまうのだ。私たちの系統樹をさかのぼっていくと、どこかで必ずネアンデルタール人にたどりつくという考えには、どうにも飲みこめないところがある。

すでに見てきたとおり、私たちのゲノムを構成している小さいけれど重要な要素に、母から子へ受け継がれるミトコンドリアDNAと、父から息子へ受け継がれるY染色体がある。ネアンデルタール人のミトコンドリアDNAがサピエンスのそれとは異なっていることは以前からわかっており、現在の分析手法を用いれば容易に確認可能である。そして、数万例におよぶ現代人のミトコンドリアDNAを調査しても、ネアンデルタール人の特徴を備えているケースはひとつも見つからなかった。

しばらくのあいだ、交雑理論の支持者はこの事実を、交雑の「非対称性」という考え方でもって説明していた。現生人類にネアンデルタール人のミトコンドリアDNAが確認できないのは、交雑がつねに男性のネアンデルタール人と女性のサピエンスのあいだで起きたからであって、その逆はなかったというのである。この仮説（現在では却下されている）に、私はずっと納得がいかなかった。仮に、先史時代は現代よりも、外見の異なる隣人にたいする差別感情が希薄であったとしても、最初期のヨーロッパのサピエンス（♂）がネアンデルタール人（♂）を相手に、こんな提案をしていたとは考えづらい。「なあ、俺はきみをこの土地から追い出そうとしてるけどさ、正直に言わせてもらうと、きみの妻、ありゃひどいね、見られたもんじゃないよ。もし俺の妻が気に入ったなら、どうぞ、しちゃって。俺、嫉妬とかしないから。そうだ、良いこと思いついた、将来別の土地に移るときは、きみの子どももいっしょに連れていってあげようか?」

Y染色体の研究にはもうすこし長い時間が必要だったが、こちらもやはり、右で想像したようなシナリオを否定する結果となった。Y染色体にかんしても、私たちとネアンデルタール人のあいだには違いがあり、現代男性のDNAを何千例と調べてみても、ネアンデルタール人のY染色体を確認することはできなかった。これはいったいどういうことなのか?

理屈で考えれば、交雑が起きる組み合わせは二通りしかありえない。ひとつは、ネアンデルタール人の男性とサピエンスの女性が交わるケース(しかし、そうなると、現代人のDNAにネアンデルタール人のY染色体が認められるはずだが、実際にはそうではない)。ふたつめは、ネアンデルタール人の女性とサピエンスの男性が交わるケース(しかし、そうなると、現代でもネアンデルタール人のミトコンドリアDNAがそこかしこに確認できるはずだが、実際にはそうではない)。

交雑理論の支持者たちは、これらの疑義にたいしてこう答えてきた。交雑が起きるとなんらかのメカニズムが、なんらかの自然選択が働き、ネアンデルタール人のY染色体とミトコンドリアDNAにとって不利な影響がもたらされる。ネアンデルタール人のY染色体とミトコンドリアDNAは、交雑によって生まれた子では機能しない。そうして、すこしずつ、このふたつの構成要素は失われてゆき、ゲノムのそのほかの部分において、ネアンデルタール人のゲノムが二-四パーセントだけ残ることになったのである。

そうかもしれない。可能性としてはゼロではない。だが、この仮説を立証することは難しい。私たちが生きるこの世界には、もはやネアンデルタール人は存在しない。そうである以上、サピエンスとネアンデルタール人の交雑が起きるとほんとうに問題が生じるのか、実際に確かめる手立てがないのである。

それでも、研究者は複雑な計算に取り組むことで、この仮説がどこまで妥当か検証しようとしている。ゲノムの構成要素のうち、誰に由来しているのかを確実に突きとめられるふたつの要素（ミトコンドリアDNAとY染色体）が完全に失われた一方で、ゲノムのほかの要素は私たちの細胞に保存されたというシナリオは、どの程度まで現実的なのか（ここで言う「私たち」とは、アフリカ以外の土地に暮らしているすべての現代人を指す）。答えが判明するには、まだしばらく時間がかかるだろう。

しかし、私の友人や同業者の多くが、私の疑念を取るに足らないものと見なしている以上、私もいったん、この疑問をわきに置いておくことにしよう。さて、ネアンデルタール人やデニソワ人のDNAが私たちのゲノムのなかに、無視できない割合で残っているのは事実である。ネアンデルタール人のDNAは、非 - アフリカ人のゲノムの二 - 四パーセントを占め、デニソワ人のDNAは、極東アジア、オーストラリア、ニューギニアの住人のゲノムにおいて、それより少ない割合を占めている。ここで気になってくるのが、サピエンスがどの時点でこれらのDNAを獲得したのかということである。

理論上は、この問いの答えを見つけるのはそう難しいことではない。現代人のゲノムを可能なかぎり数多く調べ、そこに見られる特定の変異が、ネアンデルタール人やデニソワ人のDNAにすでに存在していたかどうかを調べればいい。もし存在し、しかも、より古い時代に属すサピエンスのゲノムにその変異が認められないのであれば、変異がどこに由来しているかは明白である。

だが、実践の段階になると、いくつか厄介な問題が出てくる。まず、ネアンデルタール人と接触するよりも前の段階、つまり、まだ人類のほかの形態と交わったことがないと推定されるじゅうぶんに古いサピエンスのDNAを、私たちは所持していない。第二に、交雑がもたらす影響は、自然選択がもたらす影響と混同されやすい。

どういうことか、すこし詳しく説明しよう。二〇一〇年までは、ある土地の集団に、ほかの土地には見られないか、あるいはきわめてまれな遺伝子の変異が高頻度で認められた場合、その遺伝子が広まったのは個体にとって有益であるから、つまり、生存の確率を高めるからだと考えられていた。自然選択が、その遺伝子を広める方向へ働いたというわけである。今日では、ほかの土地には見られない、あるいはめずらしい遺伝子の変異が高頻度で認められた場合、研究者はすぐに交雑の効果を持ち出してくる。

ある現象を説明するにあたって、ふたつの可能性、ふたつの解釈を考慮しているのだから、これは好ましい事態であると言えるかもしれない。だが、見方を変えれば、自然選択の影響と交雑の影響を確実に区別する方法が、いまはまだ存在しないということでもある。数年前まではすべて自然選択の影響だとされてきたものを、今度はこぞって交雑の影響だとするのは、個人的には、あまり思慮深い振る舞いであるとは思えない。

デニソワ人との交雑

交雑理論にあれこれとケチをつけてしまったが、私たちのＤＮＡに、ネアンデルタール人やデニソワ人との交雑がどのような影響をもたらしたのか、真摯に探求した研究が数多く存在するのも事実である。ある研究は、ネアンデルタール人のゲノムが、私たちの免疫系の多様性を豊かにした可能性を指摘している。あるいは、皮膚のケラチンの含有物、糖の代謝、頭蓋骨と脳の容量に、ネアンデルタール人のゲノムが影響を与えた可能性もある。

また別のデータは、デニソワ人のＤＮＡがチベットの住人に受け継がれていることを明確に示している。*EGLN1* および *EPAS1* という、ふたつの遺伝子の異型《バリアント》が、チベットの住人には高密度で分布しているのである。第6章で*FOXP2*という遺伝子について触れたが、これは、胚《はい》の発達期間に多くの遺伝子の働きを統御する「調節遺伝子」である。*EGLN1*と*EPAS1*もまた調節遺伝子であり、酸素濃度が低下したときに作用を始める。この遺伝子によって生成されるタンパク質がほかの遺伝子に働きかけ、今度はその遺伝子が血管の発達と赤血球の産生を促進する。要するに、標高が高い土地において、*EGLN1*と*EPAS1*は、わずかしかない酸素を効率よく組織に運ぶことを可能にする。チベットの住人は、*EGLN1*と*EPAS1*のきわめて活発な異型《バリアント》を共有している。この遺伝子は、近隣の住人にはまったく認められない一方で、デニソワ人のゲノムには存在している。私には、このような事例こそが、サピエンスとデニソワ人のあいだに交雑があったことを物語る、確たる証拠であるように思える。

（第5章ではじめて登場したデニソワ人について、ここで補足しておこう。特定の地域、具体的にはニューギニア、オーストラリア、ニュージーランドのマオリの住人には、おそらくデニソワ人由来と思われるＤＮＡの断片が残っている。その断片がゲノム全体に占める割合は、一パーセント以下である。近年の研究では、チベットを含め、東アジアおよび東南アジアの住人にも、ごくわずかにデニソワ人由来のＤＮＡが確認されている。だが、デニソワ洞窟はシベリアの奥地、アルタイ山脈の中腹にある。この土地に暮らしていた太古の住民は、いったいどうやって、何千キロも離れた土地に暮らす人びとに、ごくわずかとはいえみずからのＤＮＡの痕跡を残したのか？　人類という生き物に広く認められる移住の傾向が、この疑問に答えるヒントになるかもしれない。現代に生きるすべてのサピエンスのゲノムのなかに、アフリカ由来の痕跡が認められるのと同じように、デニソワ人のＤＮＡもまた、はるか遠方まで運ばれていった可能性がある。むしろ不思議なのは、アルタイ山脈に近いエリアの住人に、同じような痕跡が認められないことである。本来なら、デニソワ人のＤＮＡの痕跡は、アルタイ山脈の周辺でこそよりはっきりと確認されるはずではないのか？　いまのところ、この疑問に答えるためのデータはそろっていない。ひょっとしたら、デニソワ人は実際には、東アジアまでカバーするきわめて広範な土地に生息していたのかもしれない。つまり、化石が発見された洞窟に暮らしていたのは、デニソワ人のなかでも「周縁の民」だったということである。もしそうなら、アフリカからの長い道のりを踏破してきたサピエンスと、アジアのより南の地域に暮らしていたデニソワ人が交雑したのだというシナリオが想像できる）

長所も短所も

このあたりで、未解決のまま残されている問題に立ち返るとしよう。私たちのＤＮＡの小さな断片が、非‐サピエンスの祖先に由来しているとして、この人たちと交わることは私たちにとってプラスだったのか、それともマイナスだったのか。

これまで挙げてきた事例を踏まえるなら、プラスだったと考えるのが妥当だろう。ネアンデルタール人やデニソワ人が長い年月にわたって暮らしていた土地に、サピエンスはずっと遅れてやってきた。つまり、ネアンデルタール人やデニソワ人には、その土地に適応するための時間がじゅうぶんにあったということである。その土地でうまく機能する遺伝子を提供してもらうことで、サピエンスは新たな環境に一から適応する手間を省くことができた。

もっとも、これはコインの片側だけを見ているに過ぎない。フーゴ・ゼベリとスヴァンテ・ペーボは3番染色体に、新型コロナ**ウイルス**（ＳＡＲＳ‐ＣＯＶ２）に感染すると病状を悪化させるリスクがある遺伝子の一群を発見した。この遺伝子は、ヴィンディヤのネアンデルタール人（第7章参照）のゲノムにも存在しており、私たちはネアンデルタール人からこの遺伝子を受け継いだ可能性が高い。

このテーマについては現在も研究が進められており、はっきりとした結論が出るまでにはもうしばらく待つ必要がある。それでも、一般的なルールとして、次のように言うことはできるだろう。人はパートナーを選択することで、知ってか知らずか、その長所と短所の双方を受けとることになる。はるか昔を生きたサピエンスが、私たちとはだいぶ形態の異なる隣人と出会ったときにも、同じことが起きていたに違いない。

第10章

小さな、小さな

ホモ・フロレシエンシス

フロ　6万年前

島で発見された新種の人類

二〇〇四年一〇月二七日、雑誌『ネイチャー』に、オーストラリアのアーミデールにあるニューイングランド大学の古生物学者、ピーター・ブラウンとマイク・モーウッドらを著者とする論文が掲載された。タイトルは、「インドネシア、フローレス島で出土した、後期更新世《こうしんせい》の新種の小型ヒト属」。これは、新種の人類の発見を報告する論文だった。

『ネイチャー』はイギリスの雑誌である。あの日、私はアメリカ合衆国にいた。私が目覚めた時点では、ロンドンとタンパの時差を考慮しても、論文の発表からせいぜい五時間しかたっていなかった。私はすぐさまブラウンにメールを書き、あなたが発見した化石から、研究に利用しうるDNAが抽出できるかどうか、協力して調べませんかと提案した。ブラウンからは、丁重な断りの返事が届いた。私に先んじて、ほかの研究者がブラウンに声をかけていたのだ。その貴重な発掘物は、すでに別の研究室へ移送されている最中だった。しかし、この試みは不首尾に終わった。化石はきわめて保存状態が劣悪で、新種の人類、ホモ・フロレシエンシスのDNAを抽出することは叶《かな》わなかった。

読書の妨げにならないよう、私はこれまで地質学の用語を使うことは避けてきた。論文のタイトルで使われている「更新世」とは、二五八万年前から一万一七〇〇年前までを指す時代区分である。フローレス島のリアンブア洞窟で最初に発見されたのは、三〇歳前後で亡くなったと思《おぼ》しき女性の骨格だった（ほぼ全身の骨格が発見され、その後、ほかにも合計で一三個体に属す化石の断片が発見された）。女性が生きていた時代は当初、ほんの一万八〇〇〇年前と推定されていた。

だが、「フロ」の愛称で呼ばれるこの小さな女性は、その生息年代にしては驚くべき特徴を備えていた。身長は一メートル六センチ程度、脳の容積は四〇〇ｃｃ。まるで、小型のチンパンジーのようなサイズである。彼女が生きた時代、ヨーロッパではサピエンスが、すでに何千年も前から、ショーヴェ洞窟に見られるサイやライオンの壁画のような、目を見はるべき芸術活動に従事していた（このテーマについては次章で詳しく論じよう）。一方のインドネシアでは、ルーシー（第1章参照）と似たような人類、三〇〇万年前の人類と大差ない人びとが、おそらくサピエンスと隣り合って暮らしていたのである。

それはともかく、フロの肖像をよく見てみよう。顔の一部が片手に覆われて隠れているが、あごが突き出ていないのはひと目でわかる。これは、彼女の骨格に備わっている、数ある古風な特徴のひとつでしかない。フロの歯にも、やはり太古の特徴が認められる。犬歯と小臼歯はきわめて古い人類の形態に似ているが、大臼歯は現代的な形をしている。こうした、古い形と新しい形の組み合わせは、ホモ・フロレシエンシスの化石のうち、歯が発見された六体すべてに確認されている。これはほかの人類には見られない、ホモ・フロレシエンシスに特有の性質である。サルやアウストラロピテクスと同じように、腕は長く足は短い。加えて、体のほかの部分と比較して、足が不釣り合いに大きいという特徴もある。

フロの化石を発見したオーストラリアの研究者たちは、彼女や、彼女に続けて発見された一三人の仲間たちを「ホビット」と呼ぶようになった。由来はもちろん、J・R・R・トールキンのファンタジー小説に登場する小人たちである。それどころか、この新たな種《しゅ》を「ホモ・ホビトゥス」と命名することさえ考えたのだが、けっきょくこの案は実現しなかった。二〇一二年、トールキンの作品『ホビット』の映画化権を所有する企業は、何人《なんぴと》たりとも、新発見を宣伝するために「ホビット」という言葉を使用することは許さないと警告した。トールキン作品の権利者はさらに、アメリカの映画制作会社がいままさに公開しようとしていた、『ホビットの時代』という映画の配給をとめることにも成功した。そんなわけで、おおやけには、ホモ・フロレシエンシスを「ホビット」と呼んではいけないことになっている（現実には、みんなそう呼んでいるのだが）。あまり愉快ではない、奇妙なエピソードである。だが、フロレシエンシスにまつわる奇妙なエピソードは、これひとつだけではない。

ほんとうに新種なのか？

まず提起された問題は、フロはほんとうに新種の典型例なのかということである。彼女はむしろ、なにか際立った異常を抱えたサピエンスではないのか？　リアンブア洞窟で発見されたほかの化石はどれも断片的なものだったため、唯一完全に近い状態で残っていたフロに議論は集中した。この問題にかんしては、さまざまな仮説が提示された。フロは小頭症だった、ダウン症候群だった、あるいは、甲状腺の機能不全をわずらっていたなどなど。いずれの説にもそれなりの根拠があったが、最終的にはすべて却下された。小頭症とはその名のとおり、頭蓋骨の発達に問題が生じる病である。遺伝性の場合もあれば、胎内感染（トキソプラズマや風疹《ふうしん》、水ぼうそうなど）が原因の場合もある。原因がなんであれ、頭蓋骨が縮小すれば脳の成長も妨げられ、多くの場合は知能の発達に深刻な遅れが生じる。だが、フロの頭蓋骨を注意深く調べた結果、たしかに前頭葉と側頭葉は小さかったものの、小頭症の患者と違って、脳のほかの部位との均整を欠くということはなかった。

21番染色体が通常よりも一本多いと、ダウン症候群が誘発される。ダウン症候群の当事者は背が低く、軽度の小頭症をわずらっていることもある。だが、あごの形が太古の人類の形態に近づくなどという症例はないし、歯の形がフロのようになることもない。つまりフロは、なんらかの染色体異常を抱えたサピエンスではない。同じように、甲状腺の機能不全が原因でヨウ素が不足し、脳がじゅうぶんに発育しなかったのだとする説も、現在では否定されている。いまではほとんどの研究者が、ホモ・フロレシエンシスは独立した種であって、サピエンスの病的な異型《バリアント》ではないと考えている。イアン・タッターソル（第3章参照）にいたっては、フロは私たちとは異なる属（つまり「ホモ」以外の属）に分類すべきであると断言している。私はタッターソルの知見に信頼を置いているが、いまのところは、フロのステータスは「ホモ属（ヒト属）」ということになっている。

小型化した動物というのはそれほどめずらしいものではなく、島に行けば多くの例を見つけることができる。たとえば、シチリア島やマルタ島では、いまでは絶滅したゾウ、パレオロクソドン・ファルコネリの化石が見つかっているが、このゾウの体高（地面から肩の部分までの高さ）は一メートルにも満たない。瞳と見まがうようなその大きな鼻腔《びこう》は、古代ギリシアのキュクロプス神話にインスピレーションを与えたとも言われている。さらに、パレオロクソドンとはまた別の小型のゾウ、ステゴドンの化石が、キプロス島、マルタ島、キクラデス諸島、インドネシアのスラウェシ島、そして、ほかでもないフローレス島で発見されている。サルデーニャ島や、カリフォルニアの沖合に連なるチャンネル諸島には、かつて小型のマンモスが生息していた。同じくチャンネル諸島では、イヌ科の小型動物、ハイイロギツネがいまなお生息しているし、フィリピンのいくつかの島々には、サンバー（水《すい》鹿《ろく》）という小型のシカが暮らしている。このような例ならまだまだいくらでも挙げられる。たとえば、これまでに確認されているトラのなかでもっとも小さいのは、二〇世紀のはじめに絶滅したバリ島のトラである。

　これらはすべて、**島嶼矮化**《とうしょわいか》の事例である。外界から隔離された土地では、とりわけ哺乳類において、サイズが小さくなる傾向が認められる。なぜこのような現象が生じるのか、考えられる理由はいくつかある。食べ物をじゅうぶんに見つけられないとき、大陸に暮らしている動物であれば、どこか別の土地へ移動すればいい。だが、島に暮らしている場合、とくに、小さな島に暮らしている場合は、そうはいかない。そこで、みずからの体を（自然選択を通じて）小型化することで、わずかな資源でも生きのびられるようにしたというわけである。シチリアの小さなゾウは、アフリカのゾウとくらべて、ずっと少ない食料で生きていけた。あるいは、小型化は遺伝的な劣化の帰結だとする説もある。ネコでもマンモスでも構わないが、個体数がごくわずかである場合、最終的には近親の個体と交わらざるをえなくなる。近親者同士で子を成すことが繰り返されれば、遺伝子に負の影響が生じることは避けられない。どこかで聞いたような話だが、それもそのはず、第6章で触れた最後期のネアンデルタール人のコミュニティも、これと同じ現象に直面していた。

　二〇一九年には、フローラン・デトロワとその共同研究者たちによって、ルソン原人（ホモ・ルゾネンシス）が「新種」として特定された。おそらく六万七〇〇〇年前に絶滅したルソン原人は、フィリピンの島に暮らし、出土しているごくわずかな化石から推定するかぎり、サピエンスよりも小柄だった。その身長は、一メートル五〇センチに満たなかったと見られている。

　したがって、フロのことを、病に冒された特異なサピエンスとして片づけるのは、合理的な解釈とは言えない。彼女は、自分と同じような人びとからなる集団の一員だった。もっとも、より入念な研究が蓄積されるにつれて、彼女が生きた時代は当初考えられていたよりもずっと前、およそ六万年前であることが判明した。

だが、数万年ほど日付が過去にずれたところで、問題の要点に変わりはない。彼女たちはどこからやってきたのか？　どんな進化のプロセスをたどったのか？　どんな生活を送っていたのか？　私たちと近い時代に生き、しかし容貌はこんなにも古風な彼女たちは、いったいなぜ絶滅したのか？　本章の残りのページで、これらの問いをひとつずつ検討してみよう。

どこからやってきたのか？

アフリカからやってきたことは、疑いを差しはさむ余地がない。人類は誰しも、アフリカに起源をもっている。ここで考えるべきは、いつアフリカを出たのか、人類のどの形態から派生したのかという点である。

手首の骨に顕著なように、ひどく古風な特徴が認められることから、ホモ・フロレシエンシスの祖先はアウストラロピテクスではないかとする向きもある。だが、この説は道理に合わない。アフリカ以外の土地で発見されたすべての化石人類（いちばん古いもので、二〇〇万年近く前の化石）は「ホモ属」に含まれ、アウストラロピテクスとは違って石器を作製する技術を有していた。道中で遭遇する危険への対抗策として、石を投げるための手と、逃げるための足しかないアウストラロピテクスが、アフリカからこんなにも遠い土地まで到達できたとは考えにくい。しかも、アジアのどこを探しても、アウストラロピテクスの移動の痕跡は残っていないのである。

より理屈に適《かな》っているのは、ホモの古い形態から分離した集団が島にやってきて、小型化し、その土地にだけ見られる固有の特徴を発達させたという説である。その「ホモの古い形態」というのは、おそらくホモ・エレクトゥスだろう。フローレス島にホモ・エレクトゥスが生息していたことは、化石によって裏づけられている。実際、エレクトゥスの歯列はフロレシエンシスとよく似ている。ただし、エレクトゥスは身長が一メートル八〇センチに達することもあるため、一メートル前後にしかならないフロレシエンシスの祖先として、理想的な候補とは言いがたい。

あるいは、マナ・デンボーとその共同研究者はごく最近、フロレシエンシスの歯と頭蓋骨を分析し、その祖先はアフリカの、より古い未知の種であるという見解を提示した。第3章でとりあげたドマニシのホモ・ゲオルギクスも、同じ祖先から派生した可能性がある。この祖先自体が小柄であったと考えられるため、フロの低身長を説明するために島嶼矮化を持ち出してくる必要はなくなる。

いずれにせよ、人類がはじめて到達したときから、フローレス島はすでに「島」だった。したがって、フロの祖先はそこにたどりつくために、少なくとも二四キロメートルの海路を越えたということになる。あくまで推測でしかないが、おそらくは、海に浮かぶ丸太にしがみついて移動したのだろう。

フロレシエンシスについて理解する手がかりを得るために、二〇一五年、セレーナ・トゥッチ（いまではイェール大学の教員だが、当時はフェッラーラ大学の私たちのグループに所属する博士課程の院生だった）はみずからフローレス島におもむいた。彼女の報告によれば、この島には現在も、たいへん身長が低い人びとが暮らしているとのことだった。そこで私たちは、島の住人のＤＮＡを調べることで、他地域の住人には見られない**変異**、フロレシエンシスの遺伝子の痕跡を特定できるのではないかと考えた。

それは、不測の事態にいろどられた、波乱に満ちた調査旅行だった。地元住民との交渉の初期段階では、信頼と協働の空気を醸成することが不可欠となる。地元住民から不可思議な飲料を差し出されたセレーナは、礼儀を失することがないように、それを口にせざるをえなかった。彼女はアメーバに感染した。回復すると、ふたたびフローレス島へ向かった。一回目の調査旅行で良好な関係を築いていたおかげで、三二人分のサンプルを持ち帰ることができた。三二人の平均身長は、一メートル四五センチだった。ゲノムの内容はじつに興味深かったが、まだ見ぬ進化のシナリオを明らかにするところまではいかなかった。デニソワ人のＤＮＡの痕跡がわずかに認められたが、それは近隣に暮らすすべての集団に当てはまることだった。ホモ・フロレシエンシスの遺産と思える要素は、なにひとつ見つからなかった。

とはいえ、このとき回収したサンプルが、たいへん小柄な人びとのゲノムであることに変わりはない。そこで私たちは、この人たちのゲノムに、アフリカやそのほかの土地に暮らす、ピグミーのＤＮＡの変異が含まれているかどうかを調べてみた。あいにく、明確な結論は得られなかった。私たちの身長は多くの要因に左右される。遺伝子による面もあるし、食事内容や成育環境に関係がある面もある。さらに、遺伝子の影響だけにかぎって見ても、ひとつかふたつの特定の遺伝子だけが身長を決定づけているわけではない。多くの遺伝子がさまざまに組み合わさって、私たちの身長の高低に影響を与えている。フローレス島の低身長の住人にかんして言えば、強い選択圧のもとで進化したと推測される。影響を受けたのがどの遺伝子なのか、変異が起きたのはいつなのかを正確に示すことはできないものの、ゲノムにたいする選択圧の影響を跡づけることなら可能である。先にも述べたとおり、島という環境で生きのびるには、体があまり大きくない方が有利であるのは間違いない。

将来的に、ホモ・フロレシエンシスの化石からＤＮＡを抽出することに成功しないかぎり（率直に言って、かなり難しいことだと思うが）、この人たちのＤＮＡの断片がなんらかの形で私たちのなかに残っているかどうかは、はっきりとしないままだろう。同じく、今日のフローレス島に暮らす多くの住人の低身長が、フロレシエンシスのＤＮＡと関係があるのかどうかも、明確な答えが得られる見込みは薄い。

セレーナ・トゥッチのフローレス島への旅もじゅうぶんに奇異だったが、それに輪をかけて奇異なエピソードを紹介しておこう。そもそもの発端は、フロの化石を発掘したチーム内で、オーストラリア側とインドネシア側のあいだに軋轢《あつれき》が生じたことだった。インドネシア側の見方に立つなら、オーストラリアの研究者の振る舞いはあまりにも身勝手だった。たとえば、発掘作業に参加したインドネシア人の研究者は誰ひとり、フロの発掘について伝える論文の著者に加えてもらえなかった。

そのような状況にたいする不満もあったのか、二〇〇五年、インドネシアの著名な古生物学者であるテウク・ヤコブは、心ゆくまで調査に没頭するために、化石を自宅へ運びこんだ。ヤコブは、フロは人類の新種ではなく、なんらかの深刻な病に冒されたサピエンスであるとする説の、もっとも強硬な支持者のひとりだった。化石はじきに返却されたが、そこには二本の足が含まれていなかっただけでなく、多くの骨（とりわけ骨盤）が損傷を負っていた。移送の途中で傷がついたのだと言ってヤコブはみずからを擁護したが、英語圏のメディアは彼の言い分を信じなかった。こうして、激しい論争が勃発した。

いざこざに巻きこまれたインドネシア政府は、化石を保管する箱を鍵で閉ざすことに決め、リアンブア洞窟でさらなる発掘作業を行うことに許可を出さなくなった。その二年後、渦中のヤコブが没してようやく、非‐インドネシア人の研究者はホモ・フロレシエンシスにかんする調査を再開することができた。

島の暮らしとその終焉

では、フロレシエンシスの暮らしぶりはどうだったのか？　フローレス島の大きさはシチリア島の約半分〔訳注：四国の〇・八倍〕で、地表は森に覆われている。火山を含め、島内には二〇〇〇メートル級の山々がそびえている。フロレシエンシスの時代から今日にいたるまで、環境に大きな変化はない。リアンブア洞窟からは、化石だけでなく、大量の道具類も発見されている。いずれもきわめて原始的な作りで、島内のほかの土地から発掘されたもの（年代はさらに古く、八万四〇〇〇年前のもの）と似かよっている。したがって、可能性としては、フローレス島にはかなり早い時期に人類の集団がやってきて、その子孫はそれから数万年にわたって文化的に変化のない生活を送っていたのだと考えられる。あくまで、可能性の話である。それらの道具（八万四〇〇〇年前の道具）を使用していた最初の集団が、いまから六万年前に似たような道具を作製していたフロレシエンシスの祖先であると証明するには、前者（最初の集団）に属す人びとの化石が発掘されなければならないが、そのような化石はまだひとつも見つかっていない。

フロの時代にはすでに、矢尻、刃、そして、おそらくは釣りに使用していたのだろう針が存在した。これらの多くは、フロレシエンシスが好んで食卓に並べていたと思われる小型のゾウ、ステゴドンの骨といっしょに発見されている。ステゴドンの骨に焼かれた痕跡があることから、フロレシエンシスはおそらく、肉を加熱調理していたのだと推測される。化石を分析したところ、フロレシエンシスの歯は磨耗していた。木か、そのほか植物の繊維を柔らかくするために、歯を用いていたのだろう。柔らかくした木や植物は、罠《わな》を仕掛けるのに使っていたのだと考えられるが、その手の素材はすぐに腐敗してしまうため、私たちの時代までは残っていない。

絶滅の経緯にかんしては、トルストイ『アンナ・カレーニナ』の有名な書き出しをもじって、古生物学者のヘンリー・ジーがこんなことを言っている。「幸福で繁栄した種はすべて似かよっている。絶滅の途次にある種はすべて、それぞれの仕方で絶滅する」。そうだとしたら、フローレス島は例外ということになるかもしれない。ホモ・フロレシエンシスの痕跡は一万二〇〇〇年前で途切れているが、この島ではほかにも多くの動物が、同じタイミングで姿を消している。たとえばハゲタカ、コウノトリ、小型のゾウなどである。同時期にさまざまな動物が絶滅したということは、なんらかの天変地異のような、同一の出来事が原因なのではないかと考えたくなる。この推測を裏づけるように、ほぼ同じ年代に、フローレス島では火山が噴火していたことがわかっている。

だが、別の可能性もある。これまでの調査によると、サピエンスがはじめてリアンブア洞窟にやってきたのは、フロレシエンシスが消えてから一〇〇〇年後のことである。だが、少なくとも五万年前から、周囲の島々にはサピエンスが暮らしていた。したがって、次のような仮説も成り立つ。フローレス島に生息する多くの種を終焉《しゅうえん》に導いた災厄とは、火山の噴火などではなく、この島へのサピエンスの上陸だったのではあるまいか？

相異なる種に属す人類が同じ土地に暮らしていたときなにが起きるか、一概に言うことは難しい。だが、一般的には、限られた資源をめぐる競争は対立を引き起こすだろう。島のように、天然の障壁（海）によって閉ざされた空間であれば、なおさらのことである。トールキン作品の権利者が配給に待ったをかけた映画『ホビットの時代』はまさしく、小さなフロレシエンシスが、新たな移住者によって隷属状態に置かれる過程を描いている。これはあくまで仮説であり、証明することはきわめて困難ではあるものの、頭の片すみにとどめておく価値はあると思う。

第11章

芸術、親知らず

ホモ・サピエンス

アブリ・ドゥ・カプ・ブラン　1万5000年前

旧石器時代の芸術

「美」という言葉は、近ごろ乱用されすぎて本来の価値を失ってしまった（わがイタリアには、「美の党」なる短命政党を立ちあげた御仁もいる）。だが、そろそろこの本でも、「美」について語るときがきたようだ。

進化のある時点で、人類は「なんの役にも立たないもの」を作るようになった。それは美しく、目を楽しませるが、ただそれだけだった。それを始めたのがサピエンスなのか、それともネアンデルタール人なのかは、いまだ議論の余地がある。私には、断定的な見解を表明することはできない。だが、それは大きな変化の徴《しるし》だった。日々を生き抜くことはなおも困難だったが、かつてほど過酷な生活ではもはやなく、生きのびることとは関係のない、けれど相当に骨の折れる活動に従事する時間が生まれていた。そうしてヒトは、手形や、小さな石像や、掻《か》き絵の類《たぐ》いを手がけるようになった。その次が、洞窟壁画の傑作の数々。そして、浅浮き彫り、絵画。あとは、宝石も忘れてはならない。

ここで肖像を見てみよう。現代の感覚に照らしても、彼女は美しい。貝殻のアクセサリーで飾られた頭部、広い額、とがった頬骨《ほおぼね》、私たちを見つめる深緑の瞳。彼女の口と肌の色にはある秘密が隠されているが、それはまたあとで解説することにしよう。見る者を魅了する印象的な髪飾りは、穴をあけた何百という貝殻をつなぎあわせて作られている。ただし、肖像の制作者であるエリザベート・デイネは、ある規則破り（正当であり理に適《かな》ってもいる規則破り）に手を染めている。じつはこの髪飾りは、女性が埋葬されていた土地ではなく、北イタリアのフィナーレ・リグレのそば、アレーネ・カンディデ洞窟で発見されている。同じ旧石器時代に属してはいるものの、髪飾りが制作されたのは、女性が生きた時代よりも前のことである。

肖像の女性はフランスのカプ・ブランで発見された。彼女もまた、（イタリアで出土した）通称「アレーネ・カンディデ洞窟の王」と同じく、共同体のなかで重要な地位を占める人物だった。そのことは、ふたりの埋葬の状況が物語っている。「アレーネ・カンディデ洞窟の王」の死因は、顔に負った外傷である。おそらくは、クマのような大型動物に襲われたのだろう。彼は代赭石《たいしゃせき》〔訳注：赤鉄鉱と粘土が混合した赤土〕の地層に埋葬されていた。顔は南側、光の当たる方を向き、手には燧石《すいせき》のナイフを握っている。王の化石のまわりには、シカの骨が敷きつめられていた。他方、本書口絵の肖像の女性は、ドルドーニュのカプ・ブランで、長さ一三メートルのレリーフの前に埋葬されていた。レリーフには四頭のウマと、一頭のバイソンが彫られていた。

ドルドーニュはフランスの中南部に位置している。「旧石器時代のシスティーナ礼拝堂」とでも呼ぶべきラスコーからは、車で一時間の距離である。二五〇体の動物が描かれた壁画があるルフィニャックの洞窟までは、三〇分もあればたどりつける。粘土で作られた三体のバイソンが発見されたテュク・ドードゥベールは、もうすこし離れた場所、ピレネー山脈の方角にある。ピレネーを越えてスペインのアルタミラまで行けば、かのパブロ・ピカソを唸《うな》らせたという壁画が見られる。真偽の不確かな逸話ではあるが、ピカソはこの壁画を見て、「アルタミラの後にはすべてが堕落した」と言ったらしい。たとえこれが作り話だったとしても、そうしたエピソードを創作した誰かがいるということ自体に意味がある。これらの土地には、旧石器時代の最後期に花開いたマドレーヌ文化が、きわめて高い水準の芸術的遺産を残している。この文化の名称の由来となったマドレーヌも、やはりドルドーニュの土地である(「マドレーヌ文化」という言葉が生まれたのは一九世紀中ごろ)。

一万七〇〇〇年前から一万一〇〇〇年前までのあいだ、ヨーロッパの多くの土地で、マドレーヌ文化に分類される道具が作られてきた。たとえば、シリカを含む大小さまざまな薄板や、同じくさまざまな大きさの鑿《のみ》などである。大きな鑿は岩に穴をあけるのに使われ、小さいものは、驚くべき細やかさで骨を彫るのに使われていた。当時の人びとは、骨、角、象牙など、さまざまな素材を扱う術《すべ》に長《た》けていた。照明、のこぎり、縫い針、釣り針、染料を作るための乳鉢《にゅうばち》もあった。専門家の見解では、染料はおそらく、石に絵を描いたり、体を彩色したりするために使われていた。

ここでひとつ、強調しておくべきことがある。こうした道具は、スペインからベルギー、東欧にいたるまで、ヨーロッパの広範な土地から発見されているのだが、これはなにも、当時のヨーロッパに暮らしていた集団がみな、遠い親戚同士だったということではない。文化や交易品は、今日と同じく、血縁などとは関係なく遠い土地へ旅していく。中国製の携帯電話やペルシアじゅうたんを所有しているからといって、その人が中国人やペルシア人(イラン人)であるということにはならない。したがって、マドレーヌ文化の担い手たちが、生物学的に見て単一の集団だったのか、生物学的には異なるけれど同じ物質文化に位置づけられる複数の集団だったのかは、いまのところは知りようがない。

一万七〇〇〇年前から一万一〇〇〇年前までのあいだに、ヨーロッパの気候は徐々に穏やかになっていった。それは最初の石器時代、旧石器時代の終わりの時期に相当する。まだまだ寒かったのは事実だが、それでも、最後の**氷期**は一万八〇〇〇年前にピークを迎えた。以後はすこしずつ、生態系に相当な影響を与えながら、気温は上昇していった。

寒くなるということは、生きのびるための苦労が減るということでもある。もっとも寒冷な時期、ヨーロッパの主たる山脈の南方（ピレネー、アルプス、カルパチア山脈の**レフュジア**）に移動していた動物や植物が、北方に広がり徐々に数を増やしていった。そうなると、狩りや採集も、それまでのように骨の折れる仕事ではなくなる。以前とは違った空気、おそらくベル・エポックのパリや、戦後の経済成長ブームを迎えたイタリアにも似た空気を、当時のサピエンスは感じていたのではないだろうか。それは、言い換えるなら、ほんのすこし前までは考えられなかったようなことが可能になった、という感覚だ。まあ、私としても、いくぶん突飛な比較であることは自覚している。だが、いずれにせよ、当時の気候と気温の変化、文化的革新の空気がもたらした恩恵は、私たちの目に見える形で残っている。

これら芸術的な創造物が、制作者にとってどのような価値をもっていたのかは、はっきりとした答えを出すのは難しい。絵を描くことはたんなる気晴らしだったのか、それとも、絵には魔術的、儀式的な目的が込められていたのか？

まだまだ寒さが厳しかった時代、マドレーヌ文化を生きる人びとは洞窟に集まって暮らしていたことだろう。こうした生活形態が、集団的な営みや儀礼行為を発達させたであろうことは想像に難くない。したがって、多くの識者は、一連の絵画が描かれている場所を礼拝所の一種と見なしている。この時代、埋葬の習慣が広がっていたことも併せて考えるなら、人類はすでに、「彼岸」にたいするなんらかの認識を獲得していたと言うべきだろう。

これほど遠く離れた時代を生きた人びとのメンタリティを推し量るのは、そう簡単な作業ではない。科学的な根拠のある解釈と、飛翔する想像力との境界は、そこではつねにあやふやになる。ここは「解釈」に励むのではなく、マドレーヌ文化が残した具体的な事物の「描写」に努める方が賢明だろう。美術史家のアルノルト・ハウザーは、次のように書いている。

いま私たちが目にしているのは、自然にたいする確固たる忠実さから、なめらかで臨機応変な技術へ発展した芸術である。個々のフォルムを造形するにあたって、いまだ生硬で細部にこだわりすぎる嫌いのあった芸術が、ますます絵画的でスピード感にあふれたものとなり、まるで即興で描かれたかのように、見る者にいきいきとした印象をもたらすことに成功している。[……]これはおそらく、芸術のすべての歴史を通じて、もっとも特異な現象である。子どもの絵にも、そして通常、未開の芸術にも対応するものが見当たらないため、なおのこと当惑を誘う。子どもの絵や未開の芸術は、感覚ではなく、理性の産物である。そこに描かれているのは、子どもや未開人が知っているものであって、ほんとうの意味で彼らが見たものではない。反対に、旧石器時代の自然主義の特徴は、視覚から得た印象をきわめて直接的で、純粋で、自由な形式へ作り変える能力にある。この芸術には、知的な付加や制限は認められない。それは、現代になって印象主義が台頭するまで、ほかに類例のない芸術形態だった。そこには、私たちの時代におけるスナップ写真をほうふつさせる、動作を探究しようとする眼差《まなざ》しを見いだすことができる。ドガやトゥールーズ・ロートレックが描く人物像においてようやく、美術史は似たような眼差しと再会した。[……]旧石器時代の画家たちは、今日の私たちが複雑な手段の助けを借りてはじめて発見したニュアンスを、裸の目で見てとることができたのである。

この文章は一九五一年に書かれている。「未開人」という、今日の基準からすれば許容できない用語が使われているのはともかくとして、ここではハウザーが強調しようとしている要素に着目したい。

新石器時代になるとすでに事情は変わってくるが、旧石器時代のアーティストは、「目で見たもの」を、知的な媒介を抜きにして描くことで、現代の芸術が長いプロセスを経てはじめて創造し得た作品に近い成果を生みだしていた。

口のなかの秘密

アブリ・ドゥ・カプ・ブランはある種の隠れ家《アブリ》、突き出た岩に守られた洞窟の連なりであり、周囲の丘の斜面は植物に覆われている。フェルトホーファー（第6章参照）が発掘されたときと同じく、今回も化石を見つけたのは採掘場の鉱員だった。つるはしが勢いよく振るわれたために、先述のレリーフ（ウマ四頭とバイソン一頭が彫られたもの）は損傷を負ってしまった。レリーフの表面に残る色素は、これらの動物がもともと彩色されていたことを物語っている。

この堂々たるモニュメントの正面に、カプ・ブランの女性が埋葬されていた。その骨格は一九二六年から現在まで、シカゴのフィールド自然史博物館に保管されている。彼女は長らく「マドレーヌの少女」と呼ばれていた。というのも、一九一一年に発掘されてすぐ、第三大臼歯（いわゆる「親知らず」）を欠いていることが確認されていたからである。したがって、彼女は歯列が完成する前に亡くなったと考えられるため、二〇歳は超えていないだろうと推測されたわけである。

だが、彼女の骨格のほかの部分を調査すると、どうにも整合性のとれない事実が浮かびあがってきた。骨の磨耗の度合いから判断するに、彼女はもうすこし年長であると考えた方が自然だった。近年になって、頭蓋骨をレントゲン写真で撮影してようやく、彼女が口のなかに隠していた秘密が明らかになった。彼女の親知らずは、下あごのなかに残っていた（専門用語では、このような歯を埋伏歯《まいふくし》という）。

現代の感覚からすると、これはなにもたいしたニュースではない。一本か、あるいはそれ以上の親知らずが生えてこないということは、私たちの多くが経験しているはずである。現代人が食べるものを咀嚼《そしゃく》するには、大臼歯は一二本も必要なく、(親知らず四本を除いた)八本で事足りる。現代人の歯列において、第三大臼歯が生えてこなくなったのはなぜなのか。この問いにたいしては多くの説が提示されているが、誰をも納得させるような説明はいまだ見つかっていないようである。だが、先史時代には幅が広くがっしりとした歯列が必要不可欠であり、より消化しやすい食物が現れてはじめて歯列が縮小しはじめたというのは、容易に想像できるシナリオである。

現在では、カプ・ブランの女性の没年齢は、二五歳から三五歳のあいだだろうと見積もられている。彼女の歯列は、埋伏歯の最古の事例である。人類は、それまで考えられていた以上に早い時点で、完全にそろった歯列を必要としなくなっていた。一万五〇〇〇年前にはすでに、食事の内容が変わっていたに違いない。そのことを感知した自然選択が、状況への対策を講じたということである。

間氷期の始まり

一万五〇〇〇年前、気候はより穏やかになり、その後も(人類にとって)暮らしやすくなる方向へ変わりつづけた。**間氷期**の始まりであり、私たちはいまなおその時代を生きている。間氷期に入ると、食生活は改善する。自由に使える時間が増え、手や脳の機能が一段と向上する。ヒトは根源的な問題について考えはじめる。生とは、死とはなにか。岩壁にいきいきと再現される、さまざまな形態の生命が暮らすこの世界は、いかにして作られたのか。

だが、それに先立つ長い歳月、ワセ(第9章参照)とカプ・ブランの女性を隔てる二万年は、人類にとってそう過ごしやすい時間ではなかった。すでに見たとおり、遺伝子の面では、今日のヨーロッパ人とワセのあいだにはかすかで曖昧なつながりしか認められない。もちろん、双方ともにアフリカに起源をもつことは、DNAが証言している。だが、現在のヨーロッパ人の特徴である要素は、ヨーロッパに最初に住みついたサピエンスに由来するものではない。

二〇一六年に発表された論文で、スヴァンテ・ペーボとデイヴィッド・ライクの研究チームは、氷期のヨーロッパを生きた五一個体のゲノムを分析した。論文によると、この時期のヨーロッパ人のゲノムはすべて単一の創始者集団（論文のなかでは「基底のユーラシア人（basal Eurasian）」と呼ばれている）に由来していると推定されるが、それはワセが属すサピエンスの集団ではなく、また別個の集団であるという。ワセと比較すると、ネアンデルタール人との類似は速やかに薄まり、現代人とほぼ同じ水準になっている。これはおそらく、サピエンスとネアンデルタール人が交わると、なにか深刻な問題が生じることを示唆しているのだろう。自然選択は何世代も費やして、うまく機能しないゲノムをすこしずつ排除していく。一万四〇〇〇年前から、遺伝子のレベルでも、なにか重大な変化が起きたのである。

そのころから、ヨーロッパのほぼ全域（北イタリアのヴィッラブルーナからスイスのビション、ルクセンブルクのロシュブールからスペイン北部のラ・ブラーニャにいたるまで）で、「基底のユーラシア人」のゲノムの特徴が現れはじめる。それは、より古い年代に属す個体（ベルギーのゴイエや南イタリアのパリッチで発見された化石）には見られない一方で、中東の集団のDNAとは似た部分がある。気候条件の改善に続けて、大規模な移住が起きたことで、状況が一変したのだ。ヨーロッパでも中東でも、旧石器時代の集団はすべて、狩猟採集の生活を送っていた。食料の生産、すなわち農耕と牧畜は、新石器時代とともに始まる。旧石器時代の人びとは移動することに慣れていた。狩猟で生活するとは、土地を転々とすることだからである。寒さがやわらいだとなれば、人びとは新たな土地へ、さらに北へ歩を進めることができる。およそ一万四〇〇〇年前に起きたこの広がりが、ヨーロッパ人のDNAに、今日もなお識別可能な南の痕跡を残したのである。

マドレーヌ文化を生きた人びとのゲノム（まだゲノムの分析が行われていないカプ・ブランの女性ではなく、ベルギーやスペインで出土した化石のゲノム）には、一万四〇〇〇年前の移住の痕跡は認められない。したがって、マドレーヌ文化はあくまで、その土地で技術的、芸術的な発展が進んだことで花開いたのであって、新たな思想や新たなテクノロジーをたずさえてやってきた、よその土地からの移住者の手で築かれたわけではない。

ほかのケースではまた事情が異なることは、このあとのページで見ていこう。とくに、新石器時代になると、ヨーロッパ人の文化と遺伝子に、移住の影響としか考えられない重大な変化が同時に生じることになる。

旧石器時代の人類に別れを告げる前に（と言いつつ、この先のページですぐに再会するのだが）、文学的な観点から本章を補完するために、レーモン・クノーの傑作長篇『青い花』の内容に言及しておきたい。作家はこの小説のなかで、マドレーヌ文化の洞窟壁画の制作年代について、独自の見解を表明している。

酒びたりの年金生活者シドロランは、小舟の上で昼寝してオージュ公の夢を見ながら時間をつぶし、オージュ公はオージュ公で、小舟の上のシドロランのことを夢見ている。けんかっ早く、さまざまな能力に秀でたオージュ公は、卑しい者どもを打擲《ちようちやく》したり、パンタグリュエル〔訳注：ルネサンス文学に登場する有名な巨人王〕も顔負けの暴飲暴食にふけったりしながら、章が進むごとに一七五年の歳月を飛びこえ、行く先々の時代で破天荒な振る舞いにおよぶ。一二六四年には十字軍への参加を拒み、一六一四年には錬金術師の力を借りて金《きん》を製造しようとする。一七八九年には、フランスでさまざまな些《さ》事《じ》にかかずらうなか、オージュ公はパレットと絵筆を持ってラスコー周辺をうろつき、数時間にわたって洞窟のなかに姿を消したあと、しごく満悦した様子で外に出てくる。

私には、このショートトリップを通じてオージュ公がドルドーニュの洞窟壁画を制作したというのは、かなり無理がある話のように思える。その根拠は、先に紹介したアルノルト・ハウザーの見解だけではない。今日の年代測定法によれば、洞窟壁画が描かれた時代は、数世紀どころか、一万年以上も昔のことだからである。そうでなくては困る、なぜなら、もしクノーが正しかったら、私はこの章をはじめから書きなおさなくてはいけなくなるから……。

第12章

アメリカ大陸

ホモ・サピエンス

ルチア　1万1500年前

大いなる孤独

第1章でとりあげた女性（ルーシー）とやけに似た名前だが、これは偶然ではない。ブラジルの人類学者ウォルター・ネヴェスは、その化石がいかに重要であるかを強調するために、あえて彼女をそう名づけた。だが、いくぶん大げさの感はある。一万一五〇〇年前は、ルーシーが生きた三〇〇万年前とは違う。ルチアが属していた集団は、現在のブラジルのミナス・ジェライス州、ラゴア・サンタのあたりに暮らしていたが、仮にこの集団が子孫を残していたとしても（ネヴェスは残していないと考えている）、その数はごくわずかでしかない。

それでも、人類の歴史の一局面を理解する上で、ルチアは重要な存在である。彼女の化石は、期間としては短いが、波乱には事欠かない大規模移住について証言している。それはまた、このあとのページで見るように、大いなる孤独の歴史でもある。アメリカのサピエンスはいまもなお、その遺伝子と言語のなかに、長きにわたる孤独の痕跡を残している。

余計なお世話ではあるだろうが、本題に入る前に、ひとこと断っておきたいと思う。本章で、「アメリカ人」とか「オーストラリア人」とかいった言葉を使った場合、それはシカゴや、リオデジャネイロや、シドニーの住人（大多数はヨーロッパやアフリカにルーツをもつ人びと）を指すのではない。

この章に登場する「アメリカ人」や「オーストラリア人」とは、ヨーロッパ人や、その奴隷であるアフリカ人がやってくるよりはるか前から、アメリカ大陸やオーストラリアに暮らしていた人びとのことである。

ルチアの身長は一メートル五〇センチで、まだ若いうちに亡くなっている。没年齢は二〇歳前後、もっと長生きだったとしても、二五歳より長く生きたということはありそうもない。だが、彼女の災難は死後も続いた。ルチアの骨格はかつて、リオデジャネイロのブラジル国立博物館で展示されていた。二〇一八年九月、火災により博物館がほぼ全焼した際には、彼女の骨格も失われたのではないかと懸念された。幸い、火災から一か月後、がれきの下から骨格を救い出すことができたが、骨をもとどおりに組み直す作業はいまもって終わっていない。

前に突き出た下あごのせいなのか、毛髪のない頭や、はっきりとしない顔立ち（分厚い唇や軽い斜視は、興味深くはあるものの根拠はない、制作者による創意である。これらの特徴は、頭蓋骨から推し量ることはできない）のせいなのか、ルチアの顔を長く見つめていても、私は彼女を、自分に近い存在だと感じることができない。おそらく、これは正当な感覚であり、おそらく、この感覚には時間よりも、地理的な距離が深くかかわっている（そもそも、私とルチアを隔てている時間は、たった〇一万一五〇〇年に過ぎないのだ）。幅の狭い卵形の頭蓋骨や、前に突き出たあごは、今日のアメリカ人（先住民）にも、その祖先（あとで見るように、この人たちはシベリアからやってきた）にも見られない特徴である。ウォルター・ネヴェスはそれを根拠に、ルチアが属していたラゴア・サンタの集団は絶滅したのだと推測している。

ルチアについてわかっていることは多くない。彼女の先祖がブラジルにたどりつくまでの数千、数万キロメートルの行程でなにが起きたのかは、断片的にしか再構築することができない。アフリカからアジア、アメリカへといたる、途方もなく長い移住ルートに、ルチアの先祖はごくわずかな痕跡しか残していない。

そういうわけで、この移住にかんしては未解決の問題が多く残されている。じつは、このテーマに関連して、ルチアのほかにもうひとり、ひとつの章を割くべきサピエンスがいる。ただ、あいにくこの人物の肖像は、まだどの芸術家も手がけていない。そのサピエンスとは、オーストラリアのマンゴ湖で骨格が発見された、通称「マンゴマン」である。このふたりは、私たちがよく知っている世界、よく知っている歴史からはやや外れた、辺境の領域を生きたサピエンスである。だが、ふたりの化石とDNAが提起する問題は、等閑視するにはあまりに重大であると言える。

ネアンデルタール人とサピエンスは交雑して子を儲《もう》けていた。交雑が起きたのはおもに中東だが、そのほかの土地でも同様の痕跡は見つかっている（第9章参照）。長期間におよんだサピエンスとネアンデルタール人の関係がどのような帰結をもたらしたのか、はっきりとしたことはわかっていない。サピエンスの移住によって、ネアンデルタール人のDNAの小さな断片が世界中に広がった。これが、私の同業者のなかでも、多くの権威ある研究者が受け入れているシナリオである。ネアンデルタール人のDNAの痕跡が私たちのゲノムに残っているのも、そのような事情による。ここで言う「私たち」とは、今日のユーラシア、オセアニア、アメリカに暮らす、すべての人類を指している。同じように、「私たち」の一部分、メラネシア人とオーストラリア人のゲノムには、もうひとつの太古の形態、デニソワ人との交雑の痕跡が、限定的だが明確に識別できる形で残っている。

サピエンスがオーストラリアやアメリカへと旅する過程で、ほかの形態の人類との接触がどのように生じたのか、その歴史を再構築することは容易ではない。温暖湿潤な気候の土地では、DNAは速やかに劣化するため、研究に用いることができるような太古のゲノムは滅多に手に入らない。これはとくに、アジアにおいて顕著である。加えて、これら太古の移住者は多くの場合、海沿いを移動していたと考えられている。時の経過とともに、氷河が解けて海面が上昇した。考古学上の格好の発掘現場となるべきだった土地は、多くの場合（とくにアメリカにおいて）、海中に沈んでしまったことだろう。それでも、近年は化石の研究を通じて、驚くべき事実が明らかになってきている。

北方ルートと南方ルート

サピエンスの移住ルートについては、第8章でも触れておいた。従来の説では、サピエンスの「出アフリカ」は、次のような経路をたどったと考えられていた。まずは大陸の東部、現在のエチオピアやケニアのあたりからスタートする。そこから、ナイル川沿いを北上していく。そして、七万年前から五万年前のあいだに、中東へ到達する。中東にやってきたサピエンスのうち、ある者は西（ヨーロッパ）へ向かい、また別の者は東（アジア、オーストラリア、アメリカ）へ向かった。このような中東経由の道筋を、専門家は**北方ルート**と呼んでいる。

こうしたルートもあったことは、誰ひとり疑っていない。数年前まで、アジアで発見されたサピエンスの最古の化石はせいぜい四万五〇〇〇年前のものであり、これは北方ルートの採用を後押しするデータでもあった。仮に、アフリカを出たのが七万年前から五万年前までのあいだなら、アジアに到達するのに費やしたのは数千年ということになり、これは理に適《かな》った数字である。

ところが二〇一五年、中国の福岩洞で、四七本の歯が発見された。小さく、歯根《しこん》は細く、歯の表面はどちらかというと平坦だった。これはサピエンスの歯であって、ホモ・エレクトゥスの歯ではない。

では、どれくらい古いのか？

この疑問に答えるための一般的な方法として、炭素の放射性同位体、**炭素14**の含有量を測定するというやり方がある。有機体は、生きているかぎり、まわりの環境から二酸化炭素を吸収する。死後、その量は一定のペースで減少し、五七三〇年ごとに半減する。したがって、炭素14がどれくらい残っているかを調べれば、発掘物の所属年代をかなり正確に突きとめることができる。ただし、この手法には限界がある。五万年以上前に属す発掘物の場合、炭素14がもはや残っていないため、測定が不可能になるのである。

そして、福岩洞で発見された歯には、炭素14が含まれていなかった。ということは、それは五万年以上前の年代に属すということになる。洞窟の岩石を調べた結果、驚くべき推定値が導き出された。それらの歯は八万年前か、ひょっとしたらさらに古い可能性もあることがわかったのである。

誰もがこの測定値に納得しているわけではないが、この数字の傍証となるデータはほかにもある。そのひとつが、ラオスのタムパリン洞窟（タムパリンとは現地の言葉で「サルの」という意味）で発見された、六万年前から四万六〇〇〇年前に属すとされるサピエンスの頭蓋骨である。さらに、二〇一七年の研究によると、かつてスマトラで、ユージェーヌ・デュボワ（この人を覚えているだろうか？　第4章に登場した、ホモ・エレクトゥスを発見したオランダの医師である）によって発見された二本の歯が、七万三〇〇〇年前から六万三〇〇〇年前までのあいだに位置づけられることが判明した。これらの数値がことごとく間違っているとは考えづらく、サピエンスのアフリカからの離散が始まった正確な時期について、研究者たちは再考を迫られている。

一九九四年にはすでに、ケンブリッジのふたりの人類学者、マルタ・ミラゾン・ラールとロバート・フォーリーが、現在のイラン、インドの住人の頭蓋骨と、アフリカ東部に暮らしていた太古のサピエンスの頭蓋骨のあいだに類似が認められることを指摘していた。広く知られているとおり、当時はまだ海面水位が低かったおかげで、動物の多くの種が**南方ルート**をつたってアジアへ到達していた。

これは、アフリカの角《つの》からアラビア半島を経由して、さらに東へと向かう経路である。もしサピエンスも同じルートをたどったなら、アフリカ、イラン、インドの頭蓋骨が類似していることにも説明がつく。それだけではない。もし、サピエンスの誰かがおよそ一〇万年前にアフリカを出て南方ルートを進んだのなら、福岩洞、ラオス、スマトラの発掘物の年代を疑う必要はなくなる。サピエンスはそこから、オーストラリアやメラネシアへ、六万年前から四万年前までに到達したのだろう。

ここまでは「仮説」である。サピエンスがアラビア半島から南アジアへ移動していったことを裏づける化石は、まだ見つかっていない。この年代に属す道具類であれば見つかっているのだが、それがサピエンスの手になるものかどうかはわからない。

こうしたわけで、「南方ルート仮説」は二〇年近くのあいだ、真正面から検証されずにきた。そんななか、メキシコの優れた人類学者ウーゴ・レジェス゠センテノ（ドイツに移る以前は、私が所属するフェッラーラ大学で研究していた）は、ふたつの方法でこの仮説を検証しようと、私たちの研究チームに提案してきた。彼が骨を調べ、私たちがＤＮＡを調べる。アフリカ、アジア、メラネシア、オーストラリアの頭蓋骨のさまざまな計測値と、ＤＮＡのさまざまな特徴を、相互に比較対照しようというわけである。これは良いアイディアだった。私たちは計画を実行した。頭蓋骨の形状の面でも、遺伝子の面でも、集団間の差異を説明するには北方ルートという単一の経路ではなく、ふたつの経路があったと考える方が都合がいい。それが私たちの結論だった。さらに、ふたつの移住が起きたおよその年代を概算し、南方ルートの移住は一三万年前、北方ルートの移住は五万年前の出来事だと推定した。

満足のいく結果だったが、限界もあった。しかるべき手順を踏んで比較対照を行うには、頭蓋骨の計測値と遺伝子のデータの双方が利用可能な集団を選定しなければならなかった。研究の対象となったのは、合計で一〇の集団だった。少なすぎるとは言わないが、じゅうぶんに多いとも言いがたい。遺伝子にかんしては良好なデータがそろっているのに化石が残っていない（あるいはその逆）という集団は数多く存在するが、私たちの研究ではとりあげることができなかった。要するに、根拠のあるいくつかの推定にもとづくなら、移住ルートはひとつではなくふたつであったと考える方が妥当である、というのが私たちの所見である。だが、この見方を証明するには、より充実したデータにもとづく、より精緻《せいち》な分析が必要だった。

　そこで私たちは、最初の分析では考慮に入れていなかったヨーロッパ人を含め、多くの集団のゲノムを収集することにした。その翌年、前回よりもずっと多くの集団、ずっと多くのＤＮＡの情報を対象に、前回よりも精緻な手法でもって、ふたたび分析を行った。このときは頭蓋骨の形状は考慮しなかった。分析に利用できるような頭蓋骨は、ごく限られた土地でしか見つかっていないからである。

　研究の目的はシンプルである。ヨーロッパ人、アジア人、オーストラリア人が、アフリカの集団から分離したタイミングを計算すること。もし、アフリカを出たタイミングが同じで、みないっしょに北方ルートを進んだなら、アフリカの集団から分かれた年代も同一となるはずである。反対に、移住が二度あったのなら、アジア人とオーストラリア人は、ヨーロッパ人よりも早いタイミングでアフリカ人から分かれたのだと考えられる。

　ここでは細かい議論を飛ばして、結論だけ示しておこう。遺伝子のデータに照らして考えるなら、サピエンスの「出アフリカ」が一度きりだったとする説は、多くの理由から受け入れられない。これが私たちの見解である。オーストラリア人およびメラネシア人がアフリカ人から分かれたのは一二万一〇〇〇年前から八万七〇〇〇年前までのあいだであるのにたいし、ヨーロッパ人がアフリカ人から分かれたのは七万九〇〇〇年前から六万年前までのあいだであると推定される。見てのとおり、ふたつの年代にはずれがあり、重なり合う部分もない。これらの数字を鑑みるなら、マルタ・ミラゾン・ラールとロバート・フォーリーの研究によってある程度まで予見されていたとおり、大規模な移住は二度あったと結論づけるのが妥当である。

サピエンスが、これまで考えられていたよりも早い段階でアフリカを出て、南を移動してアジアへ向かったとするシナリオは、従来の学説に相当なインパクトを与えることになる。先述のとおり、今日のメラネシアとオーストラリアの住人（先住民）のゲノムには、ネアンデルタール人のＤＮＡに似た断片が確認されている。多くの研究者が、これはサピエンスとネアンデルタール人の交雑の結果であると見なしている。だが、これらの集団（の祖先）が、中東ではなくアラビア半島の南を通って現在の土地までやってきたなら、より北方に暮らしていたネアンデルタール人と接触する機会などなかったはずである。つまり、ネアンデルタール人のＤＮＡとの類似を説明するには、交雑理論とは別の考え方が必要になってくる。

だが、じきにこのテーマに関心が集まるようになると、三つの大きな研究グループが、私たちのチームが扱っていない、新しいサンプルや新しいデータを収集すべく動きはじめた。二〇一六年、それぞれに異なる遺伝子データにもとづく三本の論文が、『ネイチャー』の同じ号に掲載された。執筆者の欄には、スヴァンテ・ペーボ、ヨハネス・クラウゼ、サラ・ティシュコフ、エシュケ・ウィラースレフら、著名な研究者がずらりと名を連ねていた。ひとつめの論文は、南方ルートを通った早期の「出アフリカ」という説を支持する理由はないと結論づけた。二本目は、たしかに南方ルートの移住は存在したが、それはオーストラリアの先住民の始祖となったごくわずかな人びとにしか関係がないと論じた。第三の論文は、大規模移住が一度であろうと、二度であろうと、実質的にはほとんど違いがないと主張し、新たに利用できるようになったデータを参照しても、いずれの説を採用すべきか断定することはできないとした。

議論は開かれており、確かな答えが出るにはまだ時間がかかるだろう。だが、南方ルートからの早期の「出アフリカ」というアイディアを採用するなら、そこにもうひとつ、パズルのピースをはめることが可能になる。そのピースは、オーストラリア南部で発見された。

オーストラリアへの移住

シドニーから西に七〇〇キロにあるマンゴ湖のそばで、サピエンスの化石が二体発見された。一体は女性、もう一体は男性の化石だった。およそ二万五〇〇〇年前に亡くなったと思われるこの女性は、これまで確認されているかぎり、火葬に付された最古の人類である。だが、遺体が燃やされたせいで、DNAは失われた。一方の男性は、従来の説では、六万年前に埋葬されたと見られていた。近年の研究は、男性が生きた時代をもうすこし現代の側に寄せているが、それでも、四万二〇〇〇年前より後ということはないとされている。

この男性（通称「マンゴマン」）のDNAはごくわずかしか残っていないが、そこにはミトコンドリアの小さな欠片が保存されていた。その塩基配列は、それまで知られていたどの塩基配列とも大きく異なっていた。マンゴマンの祖先は、サピエンスのほかの集団からかなり早い時期に分かれたのだと考えられる。もし、この祖先が地球のどこかに子孫を残していたとしても、それは私たちにとって、いまだ未知の存在である。年代の測定に不確実な部分は残るものの、サピエンスが相当に早い段階でオーストラリアに到達していたことは、どうやら間違いないようである。ここでもやはり、いままで考えられていたよりも、サピエンスはずっと早くにアフリカを出ていたのだという説明が、いちばんシンプルで無理がないように思える。

だが、ひとつ問題がある。ご存じのとおり、オーストラリアは海に囲まれている。マンゴマンの祖先はどうやって、この土地にたどりついたのか？

ヒントになるのが、先にも触れた海面水位である。八〇〇〇年前まで、海面水位は現在よりも低かった。だいたいは数十センチの違いだが、場所によっては一メートル以上、あるいは数メートル違うこともあった。通過したのが北方ルートか南方ルートかを問わず、サピエンスがアフリカを出て離散した時代には、マレーシアからスマトラ、ジャワ、はてはティモールまで、歩いて移動することができた。同じように、当時はニューギニアとオーストラリアも、ひとつの大陸を形成していた。

だが、それで問題が解決したわけではない。いずれにせよ、オーストラリアに到達するには、大海原をおよそ一〇〇キロも渡っていかなければならないのである。波の向こうにちらつく目的地を、たんに視界に入れるだけでも、そう簡単にはいかない距離である。かくも遠く離れた時代にも、危険な船旅に乗りだした誰かがいたのだと考えるよりほか、納得のいく説明は思いつかない。

その船旅がどれほど苦難に満ちたものであったか、想像することは困難である。先史時代のマゼランたちは、その多くが、どこにもたどりつくことなく終わっただろう。一方で、海を渡りきった者たちも、たしかに存在した。ニューギニア島、ニューブリテン島、ニューアイルランド島に点在する考古学上の発掘現場は、およそ四万年前にはもう、サピエンスがこれらの島々に暮らしていたことを伝えている。

マンゴマンのＤＮＡの保存状態はきわめて劣悪だった。二〇一一年になってようやく、エシュケ・ウィラースレフ率いるコペンハーゲン大学の研究チームが、オーストラリア人の完全なゲノム第一号を公表した。それは、マンゴマンと同様に、あらゆるアジア人のＤＮＡから大きく隔たっていた。ウィラースレフはＤＮＡの情報をもとに計算を行い、サピエンスのオーストラリアへの移住と中国への移住は別のタイミングに起きた出来事であり、前者の方がより古いと結論づけた（私の見るところ、ウィラースレフはその後、考えを変えたようである）。マルタ・ミラゾン・ラールとロバート・フォーリーの展望は、またしても正しかったことになる。

大行進

だが、サピエンスの東方への大行進は、オーストラリアでは終わらなかった。南方ルートと北方ルートのどちらをたどったのかは定かでないが、とにかく現在の中国に相当する土地にやってきた誰かが、今度は北へ進んでいった。ある意味で、ルチアの物語はアジア、そしてシベリアで始まる。

いまから二万四〇〇〇年前、シベリアのマリタ洞窟で、ある青年が埋葬された。乾燥した寒冷な気候のおかげで、彼のＤＮＡの保存状態はたいへん良好だった。マリタの青年のゲノムは、これまでに研究されてきたすべてのアメリカ人（しつこいが、ここで言う「アメリカ人」とは、アメリカ大陸の先住民のことである）のゲノムと似かよっている一方で、現在のシベリアに暮らす人びとや、あるいは中国人、韓国人、日本人のゲノムとは、ほとんどつながりが認められなかった。そうなると、アメリカ大陸の集団の始祖となったのは、マリタの青年当人であるとまでは言わずとも、遺伝的に見て彼とたいへん近い人物だったと考えられる。

それはまた、今日のアジア人が、二万八〇〇〇年前のアジア人にルーツをもつのではないことも意味している。同じ土地でも、集団の構成員はたえず刷新されるということであり、同様の事例はほかの土地でも確認されている（たとえば、新石器時代と現在の中部イタリアにかんしても、同じ議論が当てはまる）。サピエンスの度重なる移動は、何度も状況をひっくり返してきた。移住の影響がたがいに重なり合うことで、それ以前の移住の結果が混ざり合ったり、ときには抹消されたりする。かつてここにいた人びとはかならずしも、いまここにいる人びとの祖先ではない。

マリタの青年や、最近になって発掘されたほかの化石のＤＮＡは、最初期のアメリカ人がどこからやってきたのかを明確に示している。それはつまり、シベリアである。アメリカへは、徒歩で移動した。現在では、アジアとアラスカはベーリング海峡によって分かたれているが、二万年前には、ベーリンジア（ベーリング陸橋）と呼ばれる土地がふたつの大陸をつないでいた。

しかし、舟で海を渡る必要がなかったからといって、この旅の難易度を過小評価するべきではない。なにしろ、気温がマイナス一〇度に達することもある、つねに氷に覆われた極限の環境で、食べ物や寝所を確保しなければならないのである。マリタの青年が属していた集団は、氷に穴を掘り、その上にマンモスの骨で丸天井を築き、まわりをマンモスの毛皮で覆って小屋を作っていた。凍りつくような気候のもとで、途方もなく長い旅路を経てきたあと、岸辺に沿って南に向かうにつれて暖かくなっていくことに気づいたとき、最初期のアメリカ人がどれほどの喜びを覚えたかは想像に難くない。

驚くべきは、その移動の速さである。考古学上の遺跡が示している年代を信じるなら、大陸を縦断して最南端のフエゴ島に到達するまでに、ほんの数千年（おそらく四〇〇〇年）しか費やしていない。驚くべき点はまだある。極寒であるよりは寒冷な方が、寒冷であるよりは温暖な方が過ごしやすいことは、誰もが認めるところだろう。なかには、暑い気候を好む人もいるかもしれない。だから、暑い土地からたいへんに暑い土地へ、亜熱帯から熱帯へとサピエンスの旅が続いたことは、それほど不思議な話ではない。だが、アメリカ大陸中央の熱帯雨林にたどりついても、最初期のアメリカ人は立ちどまらなかった。この人たちは南へと移動を続けた。どんどんと南へ進み、環境はどんどんと過酷になり、最終的には、とても人が住むのには適していないような土地へたどりついた。フエゴ島の気温は、夏でも九度を超えることはなく、冬はずっとゼロ度のあたりをうろうろしている。南へ向かうアメリカ人の大行進は、もうこれ以上は進みようがないという、世界の果てにたどりつくまで終わらなかった。

だが、この移住はいつ始まったのか？　ニューメキシコでは、二万年以上前のものと見られるヒトの足跡が見つかっている。だが、この足跡の主が子孫を残したのか、あるいは、スフールとカフゼーの住人（第8章参照）のように絶滅したのかはわからない。だが、さいわいなことに数多く発見された化石からDNAを採取して計算した結果、シベリアからニューメキシコのあたりにサピエンスがやってきたのは、およそ二万年前と考えるのが妥当なようである。マリタの青年や、研究者の調査を受け入れた、数としてはあまり多くない現代のアメリカ人（先住民）のゲノムは、大規模な移住は一度しかなく、全員が同じ祖先から派生したことを伝えている。だが、化石のDNAまで考慮に入れると、話はいくぶん複雑になってくる。

先にも名前を出したエシュケ・ウィラースレフが主導した研究によって、ルチアと、そのほか一四個体のゲノムが記述された。ほぼ同時期に、ヨハネス・クラウゼ（イエーナのマックス・プランク研究所）とデイヴィッド・ライク（ハーヴァード大学）が指揮する研究チームが、先史時代のアメリカ大陸で生きた四九個体のゲノムを公表した。この論文の筆頭執筆者は、フィレンツェ出身のコジモ・ポスツである。

最初期のアメリカ人が同じ祖先を共有しているという点には、誰も異論を唱えていない。だが、アメリカ人は早い段階で（おそらくまだシベリアにいたころに）ふたつに分かれた。一方のグループは、太平洋岸沿いのルートをくだり、もう一方は東へ向かって、現在のカナダとアメリカ合衆国の領土を通過していった。中央および南アメリカの集団は、「太平洋グループ」にのみ由来している。だが、ここから先がふたつの研究の異なるところなのだが、この人たちのうち、どの集団が現代まで子孫を残し、どの集団が姿を消したのかという点については、いまだはっきりしたことはわかっていない。

ポスツとその共同研究者たちは、三つの移住を想定している。ひとつめは、ベリーズ、ブラジル、チリで集団を形成した移住だが、この人たちは残らず絶滅した（これらの集団のＤＮＡには、明確な類似が認められる）。ふたつめは、アンデスの高原にコロニーを形成した移住で、南アメリカのほかの土地に暮らす先住民は、そのあとの移住（三つめの移住）にルーツをもつ人びとである。もしこの説が正しいなら、ブラジルで化石が発見されたルチアはひとつめの移住に属し、その系図はすでに途絶えていることになる。ルチアの外観にあまり「近しさ」を感じられない理由も、そのあたりにあるのかもしれない。

だが、たがいに大きく異なる人びとが、同一の集団内で、なんの問題もなく平和に共生することはありうると指摘する研究者もいる。エシュケ・ウィラースレフのグループは、南への移住の「波」は何度も起きた可能性があり、ある「波」に属す人びとと別の「波」に属す人びとのあいだには、交流も混淆《こんこう》もあったとする説を提唱している。したがって、誰が絶滅し、誰が子孫を残したのか、確実なことは言えないというのがウィラースレフの結論である。

言語と遺伝子が語る歴史

これほど広大な土地であるからには、集団間の接触がごくまれであり、きわめて限定的であったことは疑いようがない。それはＤＮＡからも推察できるし、考古学上の遺跡が伝えている、最初期のアメリカ人の大きな文化的差異からも見てとれる。今日まで生きのびた集団にかんして言えば、言語的なデータも重要な手がかりになる。言語のテーマについては、第14章で詳しく論じることにしたい。ここではひとまず、言語を比較対照することで、集団間の関係性の濃淡を推し量れるとだけ言っておこう。

例によって例のごとく、そのことに最初に気づいたのはチャールズ・ダーウィンだった。『種の起源』には、次のような一節がある。「もし人類の完璧な系図がそろっているとしたら、人種の系図的な配列が、現時点の世界中で話されているさまざまな言語の最良の分類としてそのまま使えることだろう」。つまりダーウィンは、生物学的な進化を導くプロセス（移住による交流や、あるいはその反対の**孤立化**）が、異なる集団によって話される言語の類似や相違をも決定づけると考えていたわけである。それから一世紀以上、この直感にしたがって本格的な研究に取り組む学者は現れなかった。

今日の私たちは、ダーウィンの考えが部分的には正しく、部分的には間違っていたことを知っている。通常は、言語の類似は進化の経緯を反映しているが、ときにはそうでないこともある。母の言語は子へと伝えられるが、ゲノムのように、同一のまま姿を変えないということはない。複数の集団が頻繁に接触する土地では、複数の言語がたがいに影響をおよぼし合い、語彙や文法の面で共通の慣習が発達していく（ときにはその土地ごとの異型《バリアント》が生まれることもある）。反対に、アメリカ大陸では（誇張ではなく）数百の言語が話されており、近隣集団のあいだでも言語に大きな違いが認められる。

いわゆる「語族」をどのように分類するのかは、もうすこし先で見ることにしよう。有名な語族には、インド＝ヨーロッパ語族や、シナ＝チベット語族がある。アメリカ大陸にいくつの語族が存在するのかという問題については、言語学者のあいだでも見解がまとまっていない。アメリカの言語学者ジョーゼフ・グリーンバーグは三つだと考えていたが、同業者の多くはずっと大きい数字を提案しており（およそ一〇〇だという専門家もいる）、そこへさらに、いまだ分類の済んでいないさまざまな言語が加わる。ちなみに、アフリカ大陸に存在する語族は四つである。本書の読者であればすでにご承知のとおり、サピエンスは二〇万年前からアフリカに暮らしていた。アメリカ大陸でサピエンスが過ごした期間は、その一〇分の一に過ぎない。アメリカ人の集団はたがいに、わずかな、ほんとうにごくわずかな接触しかもたなかったのだと考えないかぎり、かくも著しい多様性の爆発は説明がつかない。そして、遺伝子の研究もまた、同様の結論を示している。

遺伝学者は、血縁レベル、すなわち、両親の血縁関係がどの程度まで近いのかを測定する精妙な方法を編み出した。被験者のゲノムを調べ、一対になっている染色体（一方は母親に、もう一方は父親に由来する）のそれぞれの塩基配列を比較することで、母親と父親がどれくらい似かよっているのかを判断できる。ふたつの染色体が同一である部分は、ROH（ホモ接合連続領域）という略号で表される。同一である部分がより多く、より長いほど、父親と母親は血縁的に見て近い関係にあると言える。血縁的に見て近いということは、言い換えれば、両親がルーツをもつ集団が、それだけ他集団から孤立していたということでもある。

具体例をあげて説明しよう。ロンドンや、ベルリンや、パリでは、両親の一方がアジアにルーツをもち、もう一方がヨーロッパにルーツをもつということはめずらしくない（ニューヨークでもそうかもしれないが、アメリカ合衆国では異なるコミュニティを隔てる壁がより強固なので、いくらか頻度は低くなるだろう）。このような両親のもとに生まれた子どもの場合、ROHの数は少なく、長さは短くなる。反対に、アルプスの山中や太平洋の島に暮らす孤立した集団の場合、いつかは血縁的に見て近い者同士が結婚することになり、子どものROHは多くて長くなる。なお、この分野の世界記録保持者はとある日本人男性で、いちばん長いROHは塩基一七〇〇万個分であるという（補足すると、私たちのゲノムには三〇億個の塩基が含まれている）。

エディンバラ大学のジム・ウィルソンの研究チームに所属する、ミルナ・キリンをはじめとする遺伝学者は、世界中のサンプル集団を調査してROHの長さを比較した。すると、もっとも短いのがアジアとヨーロッパの集団で、もっとも長い（それも相当に長い）のがアメリカの集団だった。たとえば、塩基五〇〇万個分（もしくはそれ以上）の長さのＲＯＨの数は、ヨーロッパではひとりのゲノムあたり平均して五つだったのにたいし、アメリカでは一〇五に達した。

したがって、言語と遺伝子は同じ歴史を語っている。それは、たいへんに長い距離か、あるいは、短いけれど埋めることが難しい距離に隔てられていた、アメリカ大陸の小さなコミュニティの歴史である。これらのコミュニティは、熱帯雨林や、標高が高い高原地帯にばらけて存在していた。少数の例外を除いて、これらのコミュニティはつねに脆弱《ぜいじゃく》であり、自給自足経済に縛られ、それゆえに、ヨーロッパ人による植民地化の攻勢に耐えきれなかった。皮肉なことに、最初に膝を屈したのは、アステカ、マヤ、インカなど、いわゆる「太陽の帝国」と呼ばれた大国だった。一方で、目立たずにひっそりと暮らしていた小集団は、長いあいだ生きのびることに成功した。

今日のアメリカでは、数百の異なる言語が話されている。それは好ましいことだと思う読者もいるだろう。多様性とはつねに、豊かさにほかならないから。だが、現実には、これらの言語のほとんどは絶滅の危機に瀕《ひん》している。数百か、ときには数十人しか話者が残っていないこともあり、その人たちも多くの場合、日常生活では英語や、ポルトガル語や、スペイン語を用いて暮らしている。

ときどき、希少な言語が有用になる機会があり、すこしのあいだ注目を浴びるのだが、またすぐに忘れ去られる。第二次世界大戦の太平洋戦線では、アメリカの一部の部隊が、ナバホ族の兵士を介してコンタクトをとっていた。通信を傍受していた日本軍にとって、ナバホ語は理解不能な言語だった（このエピソードは、二〇〇二年に公開された映画『ウインドトーカーズ』に描かれている）。

だが、大多数の言語には、そのような活躍の機会はめぐってこない。二〇世紀に入ってからの一〇〇年とすこしで、アメリカ合衆国では五つの言語が消滅した。セラノ語、オーセージ語、ユナミ語、クラマス－モドック語、イーヤク語である。大方の読者にとっては、名前を聞いたことさえない言語だろう。同じように、多くのコミュニティの遺伝的特徴も、いまや姿を消しつつある。小規模のコミュニティが徐々に、グローバル化された世界と接触をもつようになり、たがいに似かよったり、あるいは単純に一掃されたりしているからだ。

おそらくルチアも、人口の少ない小村に暮らす若者の例にもれず、友人がすこししかおらず、孤独にさいなまれていたのではないか。それとも、彼女が生きる小さな世界で、自分のなかに閉じこもり、ほかの生き方など想像することさえなく暮らしていたなら、孤独など感じなかっただろうか。その短い生涯で、ルチアが子を儲けていたとしても、彼女の子どもたちはそう遠くまでは行けなかっただろう。そしておそらく、この人たちの子孫は、私たちの時代までたどりつくことなく途絶えたのだろう。

第13章

肌の黒いヨーロッパ人

ホモ・サピエンス

チェダーマン　1万年前

ヨーロッパ人とは誰か？

授業や講演の場で、私はときどき、聴衆に向けてこんな質問をする。皆さんにとって、ヨーロッパ人とは誰のことですか？　四つか五つの定義（いずれも間違った定義）を示し、手をあげてもらう。「ネアンデルタール人の子孫」、「昔からずっとヨーロッパにいた人たち」、「ヨーロッパ人のＤＮＡをもった人たち」……あまり手があがらない。私の講義や講演の聴衆は、なかなかに用心深いようだ。

そこで、今度はこの定義をあげてみる。「肌が白い人たち」。すると、たくさんの手があがる。私たちは肌の色に敏感だ。見知らぬ人と対面して、最初に目に入るもののひとつが肌の色だろう。ヨーロッパ人とは白人であり、白人とはヨーロッパ人である。まあ、ある面では正しいし、ある面では間違っている。

たしかに、ヨーロッパ人の大多数は肌が白い。だが、それはごく最近になってからの話である。場所にもよるが、一万年前から五〇〇〇年前といったところか。それより前は、事情は違った。現在判明しているかぎり、肌の白い人びとがはじめて現れたのは、カフカスの南である。のちに、白い人びとはアナトリアにも現れたあと、次章でとりあげる移住によって南欧にたどりつき、そこからさらに北上した。「白くないヨーロッパ人」の一例が、本書口絵で私たちが対面した、青い瞳の青年である。

彼は「チェダーマン」の通称で知られている。

　イギリスのサマセットにあるチェダー村は、チーズで有名なのはもちろんだが、イチゴの特産地でもある。何世紀も前から、周囲の丘のなだらかな傾斜地で、イチゴが栽培されている。その丘の中腹にゴフ洞窟があり、そこではヒトや動物（ウマ、シカ、ウサギ、ヨーロッパヤマウズラなど）の多くの化石が発見されている。ヒトと動物とを問わず、これらの化石には多くの場合、似たような切れ込みが入っている。誰かが鋭利な道具を使って、骨から肉を引きはがした痕跡である。したがって、これら肉を剝《は》がれた化石が属しているマドレーヌ期は、芸術面でのめざましい進歩が見られた時代であるだけでなく、また別の側面ももっていたということである。チーズ製造業を発達させるよりも前のチェダーには、食人の風習が存在した。

　ただし、その手際が相当にあざやかであったことは認めなければならない。会食者は、可食部分をきれいに平らげるだけでなく、頭蓋骨を加工して杯《さかずき》まで制作していた。ゴフ洞窟からは、この種の杯が三つ発見されている。詳しい加工技術については、クリス・ストリンガーとマイケル・ペトラグリアの記事が伝えている。要するに、この人たちはなにひとつむだにしなかった。ロンゴバルド王アルボイーノよりもずっと早くに、サマセットの誰かが、死者の骨を創造的に再利用する方法を見いだしていたのである（イタリアの歴史を学んだことのない読者のために補足しておくと、六世紀の君主であるロンゴバルド王アルボイーノは、戦《いくさ》で打ち負かしたゲピド王クニムンドの頭蓋骨で杯を作ったことで知られている）。コミュニティの重要人物を崇《あが》めることが目的だったのか、あるいは、敗者をあざけるためにやったことなのかは、現段階ではなんとも言えない。

　この章の主人公である青い瞳と黒い肌の青年は、ある意味で敗者のカテゴリーに属している。彼は二〇歳前後で、暴力的な死を迎えている。ほぼ全身が残っている彼の骨格は、脳頭蓋の部分に、先のとがった道具で空けられたと思《おぼ》しきふたつの穴がある。骨に残っている炭素14（第12章参照）を調べたところ、彼が生きた時代はおよそ一万年前であることがわかった。その時代、イギリスはまだ半島で、南から徒歩で行くことができた。土地は森に覆われており、シカやオーロックス（現在の野牛の祖先で、野牛よりもかなり大型。一七世紀に絶滅）が生息していた。チェダーマンは埋葬されていたのか、それともそこに放置されていただけなのかはわからない。その後、彼の遺体には岩屑《がんせつ》が降りつもり、一万年後の一九〇三年にようやく発見された。

始まりの英国人

二〇世紀初めの英国では、ファースト・ブリトン、「始まりの英国人」の探求に熱が入っていた。チェダーマンは、明らかにサピエンスの一員ではあったが、英国人の要望に適《かな》う存在ではなかった。科学の発展にこれほどの貢献をなした国であるからには、そこで発見される化石もきわめて古いものでなければならない。できることなら、フランスやドイツの化石よりも古いことが望ましい。

そうして、英国人はついには化石を捏造《ねつぞう》するにいたる。それが、かの有名な「ピルトダウン原人」の頭蓋骨である。発見者のチャールズ・ドーソンは、この化石はヒトとサルをつなぐミッシングリンクであり、およそ五〇万年前のものだと主張した。化石が発見（捏造？）されたのは一九一二年。ドーソンの主張に疑いを抱く者は多かったが、化石が偽物であることが証明されたのは、発見から半世紀近くが経過したあとだった。ピルトダウン原人の頭蓋骨は、オランウータンの下あご、中世の人間の小ぶりな頭蓋骨、そしてチンパンジーの二本の歯を組み合わせたものだった。いずれも、太古の時代の化石であると見せかけるために、酸で処理されていた。捏造の首謀者が誰だったのかは、いまもってわかっていない。

容疑者のリストには、幾人もの著名人が名を連ねている。化石の発見者であり、発掘物の偽造癖がささやかれていたドーソンのほかに、彼の教え子であり著名な進化論者でもあったテイヤール・ド・シャルダンや、さらにはアーサー・コナン・ドイルもそのひとりである。シャーロック・ホームズの生みの親にたいする嫌疑は、説得力には欠けるものの、憶測を呼ぶにはじゅうぶんな証拠にもとづいていた。ドイルはたびたび、ピルトダウンにゴルフをしに行っていたし、そこで化石も収集していた。そして、まさしく一九一二年、小説『失われた世界』にこんなことを書いているのである。「もし、きみが抜け目のない人物で、自分の職業に精通しているなら、写真を撮るのと同じくらい簡単に、偽物の骨をこしらえられるだろう」

ピルトダウン原人の頭蓋骨を、長いあいだ、多くの人間が本物だと信じていたとするなら、それはひとえに、ヨーロッパ人の多くの科学者が信じていた仮説（むしろ「偏見」と呼ぶべきだが）を、この頭蓋骨が裏づけてくれるように思えたからだろう。それはつまり、すべての人類はヨーロッパにルーツをもつという確信である。

ピルトダウン原人を人類の進化の歴史に位置づけることはできるのか、できるとしたらどのようにしてなのかという議論は、化石の発見から四〇年が過ぎてようやく、すべて徒労だったことが明らかになった。結果として、きわめて古い時代に属すイギリス人を見つけたいという熱望は薄れたが、古生物学の分野で優位を占めたいという野心は変わらなかった。

チェダーマンが生きたのは五〇万年前ではなく一万年前だが、それでもイギリス人は満足していた。なぜなら、イギリス人は彼のことを、最古の完全な化石人類と見なしているからである（「完全な」という言葉をどのように解釈するかによるとはいえ、この見解はおおむね正しい）。チェダーマンの身長はおよそ一メートル六六センチで、ゴフ洞窟で発見されたほかの化石とは異なり、彼の骨には肉を剝いだような痕跡がなかった。つまり、彼の肉は「食人」の憂き目にはあわなかったということだ。

その名声が功を奏して、彼はロンドン自然史博物館で、ほかの化石に先駆けて3D技術で復元されるという栄誉に浴した。二〇〇一年に制作された復元写真は、幅広の顔(これは根拠がある)、長いひげ(これは制作者が自由に想像力を遊ばせた結果である)、白い肌に黒い瞳を備えていた。二〇一八年になって、本書口絵に掲げた肖像が発表された。こちらのチェダーマンには、黒い肌に青い瞳という、いまでは滅多に見られない組み合わせが見てとれる。

なぜ、彼がこのような容貌をしていたことがわかるのか? それを説明するには、私たちの肌の仕組みについて、肌の色はどのように変化してきたのかについて語らなければならない。そもそも、肌も目も髪も、化石としてはなにひとつ残っていないというのに、どうしてその色を推測することができるのか?

肌の色はどのように変化してきたのか?

私たちの表皮のいちばん下の層には、メラノサイト(メラニン細胞)という細胞がある。この細胞は、黒に近い褐色のユーメラニンと、黄褐色のフェオメラニンという、ふたつの色素の微粒子を産生する機能を担っている。ここで作られた微粒子が、より表面に近い細胞へ移動していく。微粒子が多ければ多いほど、大きければ大きいほど、そして、ふたつの色素のうちユーメラニンの割合が高ければ高いほど、肌の色は黒くなる。瞳や髪の毛の色にも、おおよそ似たような議論が当てはまる。

皮膚、髪、瞳の色は、複合的な要因によって決定される。それは多くの遺伝子、すくなくとも七〇の遺伝子に影響を受けることがわかっている。そして、日光を浴びれば日焼けするように、部分的には環境にも左右される。そして、肌の色に影響を与える遺伝子の働きというやつが、これまた複合的なのである。ドルトニズム（先天性の赤緑色覚異常）は、たったひとつの遺伝子が引き起こす症状である。ひとつの遺伝子を調べれば、その人物が色覚異常を抱えているかどうか、確実に判定できる。だが、影響を与える遺伝子の数が七〇となると、調べたいと思っている性質（今回の場合は肌の色）にたいして、ひとつひとつの遺伝子が寄与する度合いは七〇分の一でしかない。各々がもたらす効果はごくわずかであり、多くのケースで、測定は困難である。

これは肌の色だけでなく、多くの病気にも当てはまる。糖尿病、種々のがん、心臓と血液循環にかんするほとんどすべての疾患、そして老化も、遺伝子の複合的な働きに影響を受ける。DNAの情報をもとに、生涯を通じて特定の病気に罹患《りかん》する可能性（専門用語では「相対リスク」）を計算できるが、実際に誰が病気にかかり、誰がかからないか、そして、かかったとしてどの程度まで重症化するかということは、たとえすべてのゲノムを把握していたとしても、正確には予測できない。もうすこし先のページで、予測の間違いを減らす方法が見つかったことを紹介するが、すくなくとも現状では、一〇〇パーセント確実な予測は不可能である。

皮膚の色に影響を与える七〇（もっと多い可能性もある）の遺伝子が、メラニンの統合を促す一連の長い化学反応に必要なタンパク質を産生する。ニーナ・ジャブロンスキーは、皮膚の色にかんする研究をつきつめたアメリカの人類学者であり、このテーマに取り組む研究者はみな、彼女が提唱したモデルを参照している。

ジャブロンスキーによれば、いまから六〇〇万年前のアフリカで、人類とチンパンジーが共通の祖先から分かれたとき、人類の肌は白かった。肌の色素は、過剰な太陽光から私たちを守ってくれる。黒い障壁が紫外線を吸収し、それより下の組織に達することを防いでいる。ゴリラやチンパンジーの場合、黒い毛に覆われていても地肌は白く、それは私たちの最初期の祖先にしても同じだった。

進化の過程で、人類は毛を失った。デズモンド・モリスの著作のタイトルにもあるように、私たちは「裸のサル」になったわけである。おかげで、人類は体温調節の機能を向上させた（この点については、第2章で触れたとおりである）。だが、進化とは往々にして、完璧な解決策ではなく、まずまずの妥協策を提供するに過ぎない。今回のケースでは、体温調節の機能と引き換えに、紫外線を吸収する器官（黒い毛）を失った。おかげで人類は、代替の予防策を発達させる必要に迫られた。

そうして、すこしずつ、私たちの皮膚は黒くなっていった。黒い皮膚にはなんらかの利点があったため（この段階では、私たちの祖先はみなアフリカにいたことを思い出してほしい）、この変化は普及した。

かつては、その利点とは皮膚がんにたいする予防であると考えられていた。皮膚がんは、紫外線を過剰に浴びることで引き起こされるからである。合理的な説のように思えるが、じつは違う。ダーウィンが提唱した自然選択のメカニズムは、有利な性質を備えた個体（この場合、肌の色がやや黒い個体）が、そうでない性質を備えた個体（この場合、肌の色がやや白い個体）よりも多くの子孫を残したときに機能する。皮膚がんは紫外線によって引き起こされるが、発症するのは比較的老齢になってからであり、そのころには生殖活動を終えているのが一般的である。これでは理屈が通らない。

そこで、ニーナ・ジャブロンスキーは別の解釈を採用した。それは、DNAおよびRNAを産生するのに必要な**分子**、葉酸（ビタミンB9）に着目した解釈である。紫外線は血液細胞のなかにある葉酸を劣化させる。そして、妊娠中に葉酸が不足すると、胎児の正常な発育が妨げられる可能性が高まる。したがって、葉酸をより手厚く保護できることが、黒い肌の利点なのかもしれない。

議論はまだ続いているが、太陽放射にさらされている時間が長い集団ほど肌が黒いという点は、疑いの余地がない。アフリカ大陸にかぎってみても、熱帯地方に暮らす人びとはより肌が黒く、南へくだって陽射《ひざ》しがそこまで強烈でない土地に行くと、肌の色調はいくぶんか白くなる。

直近の一〇万年でホモ・サピエンスは、アフリカ大陸の種から、地球全体の種となった。ところ変われば環境も変わり、空から降りそそぐ日光の量も変化する。北方に住みついた最初のサピエンスは、それまでとは違った問題に直面した。骨の正常な発達に必要不可欠なビタミンDは、日光（紫外線）によってプロビタミンDが活性化されることで得られる。北ヨーロッパやアジアなどの陽射しが弱い地域では、この活性化が起こりづらく、くる病にかかるリスクが高まる。

ニーナ・ジャブロンスキーは、このような状況下では、自然選択が逆向きに働くという説を提唱している。北方では、肌の色がより白い人びと、より多くのビタミンDを産生できる人びとが、よりたくさんの子孫を残すことができた。そうして、アジアやヨーロッパの北部ではすこしずつ、肌の色が白くなっていったのである。

たしかに、これなら理屈は通っている。だが、それ（肌の色の変化）はいつ起きたのだろう？ニーナ・ジャブロンスキーは、おおよそ五万年前だろうと言っていたが、彼女にも正確な答えはわからなかった。人工知能を用いた分析手法が発達したおかげで、いまではこの年代は修正されている。

まずは、この手法がどのように機能するのか説明しておこう。だいぶ乱暴な単純化をしているが、わかりやすさのためだと思ってご容赦いただきたい。これは、目に見える特徴（今回のケースでは肌、瞳、髪などの色）を、遺伝子の複合体に関連づけるように、コンピューターのプログラムを訓練する手法である。

そのためには、三つの手順を踏まなければならない。ひとつめが訓練の段階で、前もって準備されたデータベースを利用する。プログラムは、多くの人物（研究者が望むだけ、必要だと思うだけ多くの人物）のゲノムを、肌（または瞳、または髪）の色と照合する。そうすることでコンピューターは、遺伝子のどの**変異**が、特定の肌の色にもっとも頻繁に認められるかを学習する。たとえば、*SLC45A2*と呼ばれる遺伝子の特定の位置は、CとGのどちらかによって占められる。Cだった場合、肌は黒くなる傾向にあり、Gだった場合は白くなる。データベースの一部は、第二段階（検証段階）のために手つかずにしておかなければならない。検証段階では、コンピューターには遺伝子の変異の情報だけを提供して、その変異の持ち主の肌の色を再現するように命令する。私たちは答え（肌の色）をあらかじめ知っているが、コンピューターは遺伝子情報だけから答えにたどりつくように求められる。これにより、コンピューターが導き出す答えはどれくらい正確か、誤差の範囲はどの程度なのかを知ることができる。第三段階では、新しいデータ、化石から抽出したＤＮＡの情報をコンピューターに打ち込んで、その特徴を復元するように命令する。

ロンドン自然史博物館の研究者は、チェダーマンの錐体《すいたい》からごく少量の成分を抽出した。耳のそばにある側頭骨《そくとうこつ》の錐体は、たいへん密度の高い骨であり、ほかのどの部分よりもＤＮＡが良好に保存されている。人工知能を用いた手法でゲノムを分析したところ、チェダーマンは七六パーセントの確率で、黒い肌と明るい色の瞳の持ち主であったことが判明した。

今日のイギリス人、そして、より一般的にはすべてのヨーロッパ人にとって、この特徴の組み合わせはきわめてめずらしい。この結果に接したとき、ある者は顔をしかめ、ある者はありえないと反発した。チェダーマンの肌が黒かったことは、どうにも否定のしようがないらしいとわかったとき、また別のある者は、彼はほんとうのイギリス人ではなかったのだと主張した。チェダーマンが暴力的な手段でもって殺されたのは、彼が囚人だったから、もしくは、どこかから連れてこられた奴隷だったからだと主張する者もいた。

これらの異論は、チェダーマンと同じ時代に属す四人のヨーロッパ人にかんする調査が、いずれも同じ結果（黒い肌に明るい瞳）を示したことで却下された。四人が生きていた土地はそれぞれ、スイスのビション（一万三〇〇〇年前）、ルクセンブルクのロシュブール（八〇〇〇年前）、スペインのラ・ブラーニャ（七〇〇〇年前）、デンマークのシルトルム（五七〇〇年前）である。この人たちを「同時代人」としてひとくくりにするのは、いささか強引に映るかもしれない。ビションとシルトルムの化石が属している年代には、七〇〇〇年もの隔たりがある。かといって、間違いというわけでもない。これらの化石はもれなく、**旧石器時代**の最終段階、より正確には、**中石器時代**に属しているからである。

マドレーヌ文化を生きたカプ・ブランの女性（第11章参照）もまた、この時代に属している。したがって、彼女の肌を白く表現したエリザベート・デイネの肖像（本書口絵）は、現実を正しく反映していない可能性が高い。次章で詳しく見ていくように、一万年前から、ヨーロッパに暮らす集団には大きな変化が生じた。変化はまず南で起き、それからだんだんと北上していった。変化が北に達したころには、南はすでに**新石器時代**に入っていたが、ルクセンブルクやデンマークのあたりは、いまだ中石器時代のただなかにあった。

チェダーマンが死んでから数千年が経過したころ、大規模な移住によって、肌の色を白くするDNAの変異がヨーロッパにもたらされた。およそ一万一五〇〇年前、カフカスの南で狩猟採集の生活を送っていた集団の遺伝子のなかに、これらの変異が確認されている。同じ変異は、そのすこしあとのアナトリアにも存在し、南から北へ、新石器時代のテクノロジー（農耕と牧畜）が普及するのと並行して、ヨーロッパ全土に広まっていった。セリーナ・ブレイスとその共同研究者の調査によれば、先史時代のイギリス人のDNAが示しているとおり、新石器文化が到来したことでイギリスの人口動態は大きな変化を被った。このあとで見るように、例外もあるにはあるが、基本的には次のようなことが言える。中石器時代から新石器時代へ移行する過程で、ヨーロッパ全土に暮らす人びとのゲノムに劇的な変化が生じた。それはつまり、新しいヨーロッパ人の到来であり、この人たちが、古いヨーロッパ人の大部分を一掃した。だが、このテーマについては、次の章で詳しく語ることにしよう。

(最後に、この章の冒頭で提示した問いに立ち返っておきたい。ヨーロッパ人とは誰かを定義するのは難しい。だが、ひとつたしかなのは、DNAのなかをいくら探したところで、この問いの答えは見つからないということである)

第14章

パン、ワイン、乳

ホモ・サピエンス

エッツィ　5200年前

標高三二〇〇メートルの遺体

キリマンジャロは雪に覆われた山である。標高は五八九五メートル、アフリカでもっとも高い山だと言われている。マサイ族は西の山頂を「ンガジェガ」と呼んでいるが、これは「神の家」という意味である。西の山頂のそばに、やせこけたヒョウの凍った遺骸《いがい》が転がっている。このような標高まで、ヒョウがなにを求めてやってきたのか、誰も説明できなかった。

これは、アーネスト・ヘミングウェイ『キリマンジャロの雪』の冒頭部分である。オーストリアとイタリアの国境地帯、標高三二〇〇メートルのジョゴ・ディ・ティサに、エッツィがなにを求めてやってきたのかも、同じく誰にも説明できない。彼の遺体が発見された場所には、記念の霊廟《れいびょう》が建てられている。そこへたどりつくには、険しい山道を五時間は歩かなければならない。新石器時代には、より標高の低い地点から氷に覆われていたため、山登りにはいっそうの困難がともなっただろう。そんなところまで登るからには、よほどの事情があったのだと考えるほかない。

氷のなかから発見された男性、エッツィ〔訳注：「アイスマン」の通称でも知られる〕。その名は、彼が長い眠りについていた土地、アルプス山脈のエッツ渓谷に由来している。彼の肖像を見てみよう。通りですれ違ったとしても、さして気にもならないような顔をしている。それもそのはずである。彼が生きた時代は、新石器時代と青銅器時代の変わり目に相当する。この本のほかの章の主人公たちが生きた時代と比較すれば、「昨日」と言っても差し支えないくらい、ごく最近の時代である。野外で長く過ごす人物に似つかわしく、顔は日に焼けている。顔に刻まれたたくさんのしわは、エッツィがもう若者ではないことを伝えている。

一九九一年九月、ふたりのドイツ人登山家が、氷の解けはじめた湖に半身だけ沈んだ状態の彼の遺体を、偶然に発見した。事故の犠牲者だろうとふたりは思った。一世紀くらい前の、不運な登山家かもしれない。干し草の詰まった皮の履き物のことは、誰も気にとめなかった。一〇〇年前でも、あるいは五〇〇〇年前でも、そんな靴をはいているヨーロッパ人がいたはずはないのだが。即座に現場におもむいたオーストリアの憲兵隊は、さしたる用心もなしに遺体を回収した。氷を砕くのに削岩機が使われたのだが、遺体はその際に（とくに生殖器の部分に）多くの損傷を負った。インスブルック大学の研究者は、発見時にそうと思われていたよりも、エッツィがはるかに古い時代に属することにただちに気づいた。死因の特定から科学的な研究へ目的が変化したが、すると今度は、オーストリアとイタリアの国境線は正確にはどこで引かれているのかという論争が勃発した。相当な時間をかけて、多くの議論が交わされたのちに、ふたりの著名な登山家、ラインホルト・メスナーとハンス・カマランダーが論争に終止符を打った。エッツィは現在、北イタリアのボルツァーノにある考古学博物館で保管されている。彼はこの博物館の「スター」として、特注のフリーザーに横たわり、小窓から訪問者を見返している。

情報の宝庫

エッツィは身長一メートル五四センチで、胸、背中、ひざの裏、くるぶしの合計六一箇所にタトゥーがある。皮膚の切れ込みには炭の粉末が詰められ、矢印、線、十字などの模様が描かれている。ミイラ化した彼の体（いわゆる「ウェットミイラ」）や、彼が所持していた道具類は、五二〇〇年前のヨーロッパ人がなにを食べていたか、どんな病気にかかっていたか、どうやって病を治療しようとしていたか、標高が高い土地でどんな服を着ていたか、どんなふうに狩りをしていたかといったことを、驚くほど詳細に教えてくれる。あとは、どんなふうに殺し合っていたのかも。そう、エッツィは誰かに殺されたのである。左の背中に刺さった矢が、心臓近くまで達したらしい。CTスキャンにかけたところ、矢は鎖骨下動脈を傷つけていたことが判明した。おそらくそれが、致命的な出血を引き起こしたのだろう。素手で攻撃から身を守ろうとしたかのように、右手の親指と人さし指のあいだに切り傷があり、さらには頬骨《ほおぼね》も骨折していた。傷口のまわりにはフィブリン（血液が凝固するときにできるタンパク質）ができていた。したがって、エッツィは即死したのではなく、彼の体が外傷に反応しはじめたころに没したのだと考えられる。氷から半身だけ突き出していたエッツィは、片腕を背中のほうにまわすという不自然な姿勢をとっていた。おそらく、最期の瞬間まで、体から矢を引き抜こうとしていたのだろう。

氷に覆われた寒冷な土地で死んだおかげで、エッツィの遺体の保存状態はたいへん良好だった。免疫組織化学や同位体研究の技術を用いて、X線やCTスキャンで撮影を行うことで、腸の中身や、そこに含まれている花粉について調べることができた。DNAも、きわめて良好な状態で保存されていた。エッツィ本人のDNA（これについては、このあとのページで見ることにしよう）だけでなく、彼の体内にいた寄生虫や、彼が最後に口にした食物のDNAも残っていた。おそらくヒトツブコムギであろう穀物に、アカシカやアルプスアイベックスの肉と脂。これらが、エッツィの腸に残っていたおもな食物である。とはいえ、腸から植物性の油脂が発見されたことを考慮するなら、エッツィが野菜も食べていたことは間違いないようである（それがなんの野菜なのか、正確なところはわからない）。要するに、山で暮らしていたにもかかわらず、エッツィの食事内容はバラエティに富んでいたということである。なかでも、疲労や気温の変化に耐えるのに必要な脂肪分は、ふんだんに摂取していた。

骨の調査によって、エッツィは当時としてはかなり高齢（四五歳から五〇歳程度）であったことがわかっている。晩年の彼の健康状態は、お世辞にも良好とは言えなかった。虫歯はいくつもあったし、胃には胃炎や潰瘍を引き起こす細菌がいた。ライム病にもかかっていた。これはダニを媒介とする感染症で、現代では抗生物質を使って治療する。だが、エッツィの時代に抗生物質はなかったので、病気は慢性化して関節炎を引き起こし、おそらくは心臓や神経にも病変をもたらしていた。動脈硬化症をわずらい、心臓には石灰沈着が起きている部位が三箇所あったが、これらはいずれも梗塞のリスクを高める症状である。

健康上の多くの問題を抱えるなか、エッツィは可能なかぎり自衛に努めていた。彼の体内からは薬用のキノコ、「フォミトプシス・ベトゥリナ」ことカンバタケも見つかっている。これは毒のあるキノコなのだが、少量の摂取にとどめれば寄生虫を殺す効能が期待できる。エッツィのタトゥーの一部は、鍼灸《しんきゅう》でいうところの「経絡（つぼとつぼを結ぶ筋道）」に沿って彫られていることから、これには痛みを和らげる効果があったのではないかと考える者もいる。だが、これはいささか大胆に過ぎる仮説かもしれない。もしこの説が正しいなら、エッツィ（あるいは彼を診ていた医師）は中国人より三〇〇〇年も早く鍼《はり》療法を開拓していたことになってしまう。

遺体といっしょに発見された持ち物一式は、ほかに類例のない考古学的遺物の宝庫だった。まずは、セイヨウイチイの木でできた、二メートル近い弓。ランタナガマズミの材を使用した矢と、それを収納するためのノロジカの皮の箙《えびら》。矢の一部はいつでも放てる状態にあり、残りはまだ細工が完成していなかった。燧石《すいせき》の短剣、刃を研ぐための鉛筆形の道具、真珠状の大理石、火打ち用の石、火を移しとるための火口《ほくち》は、すべてひとつの袋に入れられていた。

もっとも興味深いのは、銅の刃がついた斧《おの》である。銅は、人類がはじめて利用法を学んだ金属だった。銅はあまり頑丈ではないが加工が容易で、溶かさず冷たいままでも槌《つち》で形を整えることができる。エッツィは石器時代と青銅器時代の転換期を生きていたということであり、彼が携えていた武器は当時としては貴重な一品だった。

成分を化学的に分析したところ、刃に使われている銅はアルプスからはだいぶ離れた、イタリアのトスカーナで採れたものだった。トスカーナの銅がどうやってアルプスまでたどりついたのかは、想像することしかできない。おそらく、南方の羊飼いが、移動先の集団と物々交換をするために持ち運んでいたのだろう。これほど貴重な武器を持ち歩いていたからには、エッツィのことを、群れを見ているあいだに厄介事に巻きこまれた一介の羊飼いと見なすのは無理がある。

短剣と矢の先端と衣服には、人間の血痕が残っていた。DNAを調べた結果、それは四人の血であることがわかった。息を引きとる前に、エッツィは決死の抵抗を試みたらしい（あるいは、それより以前に付着した血痕という可能性もあるが）。

青銅器時代（新石器時代の終わりごろ）になると、アルプスに暮らす人びとはパンツ、というか、羊の皮でできた腰巻きのようなものを身につけていた。ほかには、ももの高さまであるゲートル、ヤギ皮のマント、クマの毛皮の立派な帽子、そして、この時代としてはかなり凝《こ》った、シカ皮の靴も発見されている。靴にはウシ皮のひもがついており、足を暖かく保つために干し草が詰まっている。こうして、最低限の快適さを確保したうえで、人びとは標高の高い土地に踏みこんでいった。とはいえ、生涯を通じて、エッツィの行動範囲はかなり限られていたようである。

生体組織に含まれるストロンチウム、鉛、酸素、炭素、アルゴンなどの**同位体**を調べることで、エッツィの移動にかんする重要な情報が浮かびあがってきた。ヴォルフガング・ミューラーとその共同研究者らは、さまざまな土地の水や岩場を調べ、これらの同位体の量を測定した。その結果、エッツィは生涯のほとんどをジョゴ・ディ・ティサの南で過ごし、行動半径はせいぜい六〇キロメートルだったことが判明した。彼は長年にわたって、ヴァル・プステリア、ヴァル・ヴェノスタ、ヴァル・ドゥルティモといった渓谷の水を飲んでいた。

エッツィの生前の行動を、さらに正確に再現することを試みた研究もある。二〇〇七年、インスブルック大学に所属するクラウス・エッグルの研究チームは、死亡する直前のエッツィの移動ルートを詳しく再現しようとした。方法は、食事の最中に胃や腸に沈積した花粉の移ろいを調べること。花粉は、エッツィがどこでなにを食べたのかを推定する手がかりとなるからである。これらの花粉が食道から胃へ到達するまでの時間を考慮すると、エッツィは生涯最後の三三時間に、次のような経路を移動したと考えられる。スタート地点は、植物が姿を消す標高の高い土地。そこから、カバ、シデ、ハシバミの木（いずれも温和な環境を好む植物）が生える渓谷へくだる。そして最後に向かったのが、一年を通じて氷に覆われている、標高三〇〇〇メートルを超える土地である。

この移動がなにを意味しているのかについては、いくつかの説がある。たとえば、アルプスの牧草地から、自宅へ帰る途中だったとする説。仲間と諍《いさか》いを起こした末に、暴力的な対立に巻きこまれ、おそらくすでに傷を負った状態で逃げ出したのだとする説。誰かに追われ、顔面に一撃を食らって絶命したのだとする説（先にも書いたように、エッツィは頬骨が骨折していた）。どの程度まで蓋然性があるかはさておくとして、可能性としてはどれもありうる。もうひとつの可能性は、アルプスの反対側へ移動しようとした際に、悪意をもった何者かに遭遇したという筋書きである。

いずれのケースであったとしても、エッツィの貴重な銅の斧を、加害者はなぜ奪っていかなかったのかという謎は残る。ボルツァーノ県（エッツィが保管されている考古学博物館の所在地）の自治体ラーチェスのウェブサイトには、次のような記述がある。

おそらく高度な霊能力を備えていたため、さらには、新石器時代には日常着とはとても言えなかった奇妙な衣服を着ていたために、エッツィは奇人と見なされていた。このような観点に立つのであれば、政治権力の気まぐれか、あるいは儀礼的な処刑が目的で、誰かがエッツィの殺害を依頼した公算がきわめて大きいが、それを証明することは誰にもできないだろう。

いかがだろう。どうやら私たちは、ファンタジー、というよりも、与太話の領域に足を踏み入れつつあるようだ。エッツィの生涯がどのように幕を閉じたのか（そして、「新石器時代の日常着」とやらがどんなものだったのか）、私たちにはわからない。それでも、エッツィのＤＮＡが情報の宝庫であるという事実に変わりはない。そして、これらの情報は、一九七〇年代に遺伝学が解読を始めたある歴史に、ぴったり合致していた。その歴史とは、新石器時代のヨーロッパにおける、農耕の起源である。

新石器革命

学校では次のように習ったはずだ。いまから一万二〇〇〇年前、現在のイラクやシリアがある「肥沃な三日月地帯」の集団が、畑作や畜産を始めた。こうして、それまでパンも、ワインも、(家畜の)乳も知らず、四六時中食べるものを探して放浪《ノマド》(または半 - 放浪)の生活を送らざるをえなかった人類が、みずからの手で食料を生産するようになった。イギリスの偉大な考古学者コリン・レンフルーによれば、それは人類の歴史にとって(ということは、この本が扱っている歴史にとっても)もっとも重要な出来事だった。この出来事を指して「新石器革命」と呼称するのは、けっして誇張ではない。

食べ物が増えるということはつまり、老人がより長生きし、乳幼児の**死亡率**が下がるということでもある。そうして、人口は増大していく。それまでは、一〇人の狩猟採集民を養うのがやっとだった土地で、一〇〇人、一〇〇〇人、あるいはそれ以上の人数が食べていけるようになり、そのことが出生率の急上昇につながる。だが、食べ物の量が増えると、それまでの人類には無縁だった「保存」の問題が生じてくる。その結果、人類史上はじめての「容器」が作られ、窯業《ようぎょう》が発達し、収穫物を腐らせないための工夫が考案される(たとえば、小麦を挽《ひ》いて粉にする、乳をチーズにする、ブドウをワインにする等々)。

ここで重要なのは、種をまいたあとに実を収穫するために、同じ場所にとどまる必要が生まれたということである。こうして人びとは定住を始め、まずは集落が、やがて都市が形成される。都市の住人は、誰もが同じことを、同じ手際でこなせるわけではない。そこで分業の観念が生まれ、社会は多様化していく。今日の私たちが生きている世界の輪郭が、徐々に浮かびあがってくる。

当然ながら、これは一朝一夕に起きた出来事ではない。狩猟採集民の時代である**旧石器時代**と、食料生産の時代である**新石器時代**のあいだに、考古学者は**中石器時代**という移行期間を設定している。

この時代に、規模としては現代の園芸と大差ない、畑作の初期形態が発達する。前章でとりあげたチェダーマンは、まさしく中石器時代に属している。

だが、物事にはつねに両面がある。穀物を中心とした食生活は、肉を大量に摂取する食生活と比較して、エネルギーの供給量が低くなる。新石器時代の農耕民は、その前の時代に生きた人びとよりも背が低い。しかも、農耕民の化石を調べた結果、より病気にかかりやすかったこともわかっている。今日の私たちは嫌というほど思い知らされていることだが、人口密度の高い都市とは、病原体が拡大するうえで最良の環境でもある。そこに動物（家畜）まで加わったら、なにが起きるかは火を見るよりも明らかである。新石器時代に疫病が流行する条件が整って以後、人類は現在にいたるまで、感染症と縁を切ることができていない。

それでも、費用と便益を秤《はかり》にかければ、便益の方が大きかった。三種の考古学上のデータが、そのことを裏づけている。三種のデータとは、種子の極端な集中、農具、それに陶器の容《い》れ物である。こうした発掘物は、その場所で畑作が営まれていたことの証《あかし》である。これらの発掘物を手がかりに調べたところ、アナトリア高原では一万年前から畑作が行われ、それがヨーロッパ全土まで広がったのは五〇〇〇年前であることが判明した。アナトリアからポルトガルまでの距離がちょうど五〇〇〇キロなので、新石器革命は一年に一キロのペースで進行したことになる。

これはヨーロッパだけに見られた現象ではない。同じ時期、肥沃な三日月地帯では、最初期の農耕民がコムギ、オオムギ、イチジク、ヒラマメ、エンドウマメを栽培していた。二〇〇〇年後の中国では、コメ、ダイズ、柑橘《かんきつ》、モモ、ナスを栽培する方法が発見されている。ブドウの栽培は、おそらくジョージアとアルメニアで、およそ八〇〇〇年前に始まった。そのすこしあと、中部アメリカではトマト、トウモロコシ、カボチャ、インゲンマメが、アンデスの高原ではジャガイモとパプリカが作られるようになる。
中南米は植物栽培の一大中心地であり、多くの動物がはじめて家畜化されたのもこの土地だった。もっとも、動物の家畜化は植物の栽培と比較して、はっきりしない点も多い。イヌとウマは確実に、そしてほかの動物たちもおそらくは、この時代から徐々に、世界各地で人間と共同生活を送るようになってきた。肥沃な三日月地帯で発掘されたヒツジ、雌ウシ、ヤギ、ブタの骨は、これらの動物が一万一〇〇〇年前から人間と隣り合って暮らしていたことを伝えている。

三つの移住

農耕と牧畜という、新石器時代に発達した生存の技術は、それ以前の時代の技術とは比較にならないほど快調に機能した。ヨーロッパでは、まず南東でその技術が導入され、それから数千年後には、スカンジナビア半島から大西洋まで、いたるところで見られるようになった。そのプロセスはどのように進んだのか？

一九七〇年代、考古学者のあいだでは、これは文化的な現象なのか、それとも人口動態にかかわる現象なのかという議論が交わされた。文化的な普及というのはつまり、情報の伝播《でんぱ》を指す。狩猟採集民の集団が、自分たちよりも早く農耕と牧畜を導入していた隣人から、技術を模倣したというわけである。他方、人口動態にかかわるプロセスとは、（情報ではなく）生身の人間の移動を意味する。新石器時代の農耕民は、年を追うごとに西へ、北へと歩を進め、新たな土地にみずからの技術を導入していった。もちろん、両者はともに、事態を単純化した仮説である。現実には、文化的な交流もあれば、人の移動もあったことだろう。だが、どちらのメカニズムが支配的だったのかと問うことには意味がある。あいにく、考古学上のデータに答えはない。いつ、どんなルートをつたって畑作がヨーロッパ各地に伝わったのかは教えてくれるが（おもなルートは、地中海沿岸のルートと、ドナウ川沿いのルートのふたつである）、その理由まではわからない。

新石器時代において、以前からそこに暮らしていた集団が新技術を取り入れたのか、新たな移民集団によって古株の集団が一掃されたのかを知るためには、考古学とは異なる分野のデータが必要となる。パオロ・メノッツィ、アルベルト・ピアッツァ、ルカ・カヴァッリ＝スフォルツァらは、そうしたデータを収集して、一九七八年に論文を発表した。三人の研究は、それ以前は一度も試みられたことのない、学際的な協働の先駆けとなった。三人は、地図上で平野部を緑色、山間部を茶色で示すのと同じやり方で、現代における集団的な遺伝子データをひとまとめに表現する方法を編み出した（当時利用できたデータは、土地ごとの血縁関係と、一部の血液タンパク質だった）。

ヨーロッパの「遺伝地図」は、驚くほどシンプルだった。そこには明確な**勾配**が認められた。つまり、ヨーロッパを構成する大きな板は、右側が下に、左側が上に傾く形で表現されていた。集団の特徴は、肥沃な三日月地帯から北へ、西へと徐々に移動するにつれ、段階的かつ規則的に変化していた。これほど規則正しい推移が、偶然の結果であるとは考えられない。なんらかの要因が、ヨーロッパ人の遺伝子を「整列」させたというわけだが、その要因とは移住のプロセスでしかありえない。なぜなら、文化的な交流は、それ自体としてはＤＮＡに影響を与えないからである。

だが、三人の論文には続きがある。ヨーロッパの遺伝地図は、初期の農業のデータをもとに作成された考古学上の地図にそっくりだった。農業も、いちばん早く始まったのは右下で、時代がくだるにつれて左上へ広がっていった。メノッツィ、ピアッツァ、カヴァッリ＝スフォルツァは、ふたつの地図は同一の現象を描写していると結論づけた。つまり、大規模な移住のプロセスを通じて、ヨーロッパに農業が普及したという現象である。新石器革命は、最初期の農耕民の「足」によって伝えられたのである。新技術による食料生産物の余剰は人口の増大をもたらし、それに背中を押されるようにして、最初期の農耕民は北と西へ移動していった。

アナトリアの農耕民が武器や荷物をいっぱいに抱えて、大勢でいっせいにポルトガルやスカンジナビアを目指したのだと考える必要はない。カヴァッリ＝スフォルツァは、数学的なモデルをもとにした綿密なリサーチを、コンピューターのシミュレーションで補強することで、ヨーロッパの遺伝地図の大規模な勾配は、人口拡散の緩慢なプロセスによって説明できることを証明した。新石器時代の人口は、耕作地の拡大と歩調を合わせて、一年に一キロメートルのペースで西と北へ拡大した。

ただし、この数学的モデル（および関連のシミュレーション）が機能するには、ひとつ条件がある。新石器文化に属す農耕民は、遺伝地図の左上に漸進《ぜんしん》する過程で、旧石器文化に属す狩猟採集民と出会い、土地を共有していたことだろう。だが、カヴァッリ＝スフォルツァの議論が成り立つためには、両者がたがいに交雑することはなかったと考えなければならない。けっきょく、食物をふんだんに調達できた農耕民が数を増やしつづけ、そうでなかった狩猟採集民は姿を消したということである。このような前提に立つことではじめて、カヴァッリ＝スフォルツァの数学的モデルは、肥沃な三日月地帯の農耕民の遺伝子がどのようにして大陸の北と西の果てまでたどりついたのかを説明してくれる。

カヴァッリ＝スフォルツァのチームの研究は、データとして血液タンパク質しか用いることができなかった時代に行われた。そのために、ヨーロッパ人の遺伝的な差異は、ごく一部しか明らかにならなかった。DNA研究の現代の手法は、カヴァッリ＝スフォルツァらの人口拡散モデルを裏づけるとともに、いくつかの欠陥に修正を加え、細部にまつわる多くの興味深い情報を追加している。

古代であれ現代であれ、ヨーロッパ人の**ゲノム**には、三つの祖先グループに由来する、三つの主たる構成要素が認められる。ひとりひとりは、その個人に特有のDNA構成をもつとはいえ、中身の主要部分は同一であり、その種類は三つしかない。古代と現代のゲノムを比較したところ、これら三つの祖先グループが、三つの移住現象にかかわっていることがわかってきた。

第一の移住は旧石器時代のもので、アフリカからやってきた集団をヨーロッパへ導いた。ただし、第9章でとりあげたペシュテラ・ク・ワセの化石は、このグループには属していない（ワセの集団は、おそらく絶滅したものと思われる）。ワセの集団といっしょに、あるいは、それよりも遅れてやってきた別の人びとが、この第一の移住に属している。

第二の移住は、先ほどから書いている、新石器時代の人口の拡大である。エッツィのゲノムや、地中海地域に暮らす多くの現代ヨーロッパ人のゲノムは、アナトリアの初期農耕民のゲノムとたいへんよく似かよっている。これはつまり、いまから一万年前には、現在の南ヨーロッパ人の祖先のほとんどがヨーロッパの外（アナトリアや中東）にいたことを意味している。

時代がくだって青銅器時代に入ると、中欧や北欧では（また、ごくわずかではあるが南欧でも）、新石器時代のゲノムの要素が薄まってくる。なぜなら、現在のウクライナのあたりに広がる草原《ステップ》から、移住の第三波が押し寄せてくるからである。第三の移住を経たあとでも、旧石器時代にこの土地に暮らしていた人びとの痕跡は、跡形もなく消え去ったわけではない。ヨーロッパ人のゲノムの五パーセントから一〇パーセント程度は、この人たちに由来している。残りの部分（の大半）は、新石器時代のアナトリアか、青銅器時代のウクライナの平原に起源をもつ。

エッツィの祖先は、地中海周辺に暮らす現代ヨーロッパ人の祖先と同じく、アナトリアからやってきた。新石器時代の人口拡大がヨーロッパじゅうにその遺伝子を拡散させ、私たちの生活様式と食事内容に劇的な変化をもたらした。こうしてヨーロッパ人は、「定住の民」となった。

ここで、言語についても簡単に触れておこう。ごく少数の例外（バスク語、フィンランド語、エストニア語、ハンガリー語、ヨーロッパに属す東トラキアのトルコ語）はあるものの、ヨーロッパではたがいに親戚関係にある言語が話されており、専門家はこれらの言語を「インド－ヨーロッパ語族」に分類している。第12章で見たアメリカ大陸の状況とは、じつに対照的である。アメリカでは、たがいに大きく異なる多くの言語が話されているのにたいし、ヨーロッパでは、近い関係にある少数の言語が話されている。この類似を説明するには、ダーウィンの直感に従うのが賢明である。つまり、言語の歴史と移住の歴史が、どのように絡まり合ってきたかに着目すればいい。

一九八〇年代まで、言語学者のあいだでは、すべてのインド－ヨーロッパ語の祖先、すなわち「インド－ヨーロッパ祖語」は、現在のウクライナに相当する土地で話されていたとする説が支配的だった（文字による痕跡は残っていない。人類がアルファベットを使うようになるのは、いまからほんの三〇〇〇年前のことである）。この言語は、好戦的な民族の移住によって、西と南へ広がっていった。その証拠となるのが、この民族が行く先々で残していった、「クルガン」と呼ばれる独特の墳墓である。

この学説の主唱者は、リトアニアの考古学者マリヤ・ギンブタスだった。彼女はこの学説を図解するための地図を作成した。その地図では、五〇〇〇年前のウクライナからあらゆる方角へ矢印が伸びており、それぞれの矢印が個別の移住現象を表している。問題は、当時もいまも、これらの移住の痕跡がほとんど見つかっていないことである。考古学的に見ても、遺伝学的に見ても、これらの移住が実際にあったのかどうかを確認することはできなかった。

考古学者のコリン・レンフルーは、どこかの時点でこうした状況に嫌気が差し、次のように書くにいたった。どこにもない移住を探し求めるのではなく、私たちがよく知っている移住から、すなわち、新石器時代の人口拡大から出発すべきではないだろうか？　この大規模移住により、初期農耕民が共有していた言語が拡散し、それがのちに、今日の私たちが話している各言語へ分化していったと考えてはいけないのか？

たちまち、議論が激しく沸き立った。多くの言語学者は、最初のインド＝ヨーロッパ語が生まれたのは五〇〇〇年から六〇〇〇年前であり、それより過去ということはありえないという説に固執していた。なぜこの説が信じるに足りるのか、私は何度も言語学者から説明を聞いたのだが、いまだにすっきりと理解できたことはない。

レンフルーの提案は、インド＝ヨーロッパ語が生まれた時代を四〇〇〇年ほど過去にずらすことになるが、それによってパズルのピースは（考古学的にも、遺伝学的にも、言語学的にも）ぴたりとはまるようになり、痕跡のない奇妙な移住をでっちあげる必要もなくなる。もしレンフルーが正しいなら（私はそう思っているが）、一度の大規模な人口拡大現象が、ヨーロッパ大陸全土の言語、ゲノム、生活様式に、根本的な変化を引き起こしたということである（もちろん、より小さなスケールで見れば、これ以外にも何百という移住があったことは想像に難くない）。レンフルーの説にたいする反論は、とくに近年の研究に照らして考えると、根拠が弱いように私には感じられる。

ニュージーランドの生物学者ラッセル・グレイは、進化遺伝学の手法を用いて、インド＝ヨーロッパ語族に属する複数の言語の語彙を比較した。まずは、「二」、「頭」、「夜」、「日」、「人」、「星」といった、変化を被ることの少ない二〇〇の言葉から出発した。反対に、「フリスビー」、「ソプラノ」、「シネマトグラフ」といった言葉は、検討対象から除外した。こうした単語が紛れこんでいると、すべての言語は英語や、イタリア語や、あるいはギリシア語に起源をもつという、誤った結論が引きだされかねないからである。ふたつの言語間でこれらの語彙のリストを突き合わせ、同じ語源をもつ言葉をカウントしていく。同じ語源をもつ言葉の数が多ければ多いほど、ふたつの言語は近縁であり、より近い過去に共通の祖先から枝分かれしたのだと推定できる。これは、遺伝学における**分子**時計の手法と同じ発想である。

ラッセル・グレイは、人類学者のクエンティン・アトキンソンに協力を仰ぎつつ、インド‐ヨーロッパ語族の各言語がその共通の祖先（インド‐ヨーロッパ祖語）から枝分かれしたのは、九八〇〇年前から七八〇〇年前のあいだだと見積もった。つまり、マリヤ・ギンブタスの学説が想定している年代より、すくなくとも二〇〇〇年以上も過去のことである（ギンブタスが根拠にしていたのは、「クルガン」という考古学上の遺物であり、言語学的なデータではないということも想起しておきたい）。ラッセル・グレイの計算は、レンフルーの仮説とも矛盾しない。

グレイはさらに、より精密な計算を行うことで、インド‐ヨーロッパ祖語の起源はウクライナにあるとする説と、アナトリアにあるとする説を比較し、それぞれの妥当性を検証することに成功した。計算の結果、後者（アナトリア）である可能性は、前者（ウクライナ）である可能性よりも一五〇倍高いという答えが出た。

以上は言語学研究の知見であり、異論を唱えている者はいない。奇妙なのは、遺伝学の一部の研究が、言語学の成果を考慮に入れず、インド‐ヨーロッパ語族の草原《ステップ》起源説にしがみついているように見えることである。だが、この話題はこれくらいにしておいて、そろそろエッツィに話を戻すことにしよう。

エッツィが属しているのは、当時もいまも、ヨーロッパでもっとも一般的な血縁グループである。黒い瞳と白い肌という組み合わせは、新石器時代の最初の移住者たちがヨーロッパに持ちこんだ。すでに一万二〇〇〇年前に、肌の白い人びとがカフカスの南に暮らしていたことは、ＤＮＡが証言している。この人たちは後期旧石器時代の狩猟採集民であり、さらに南方で、もうすこし時代がくだったころに、農耕を発明した人びとと交わったものと推測される（これはまだ証明されていない。根拠となる化石が見つかっていないからである）。

いずれにせよ、ヨーロッパにおける農耕技術の導入は、肌が白く瞳が黒い人びとの出現と並行して進んだということである。アフリカほど陽射《ひざ》しが厳しくない土地では、白い肌に一定のアドバンテージがあるために、南から北まで満遍なく、自然選択がその普及を後押しした。前章で見たように、デンマークには五七〇〇年前でもまだ肌の黒い人びとがいたとするなら、それはこの土地に農業が到達するのが遅かったから、言い換えれば、農耕民が移住してくるのが遅かったからである。

今日のヨーロッパ人との関係で言うなら、エッツィのゲノムにはサルデーニャ島およびコルシカ島の住民との際立った類似が認められる。だからと言って、早合点はしないでほしい。これはなにも、アルプスに暮らす集団の祖先はサルデーニャ島からやってきたとか、あるいは逆に、エッツィこそがサルデーニャ島民やコルシカ島民の祖先だということではない。この類似が意味しているのは、エッツィもそのひとりである、新石器時代のヨーロッパ人の遺伝的な特徴は、青銅器時代に移住の波が到達しなかった地中海の西側地域で、ほぼ手つかずに保存されているということである。

ここで、あらためて強調しておこう。現代ヨーロッパ人のゲノムは三つの主要な移住に起源をもつという図式は、文字どおり「図式的な」見方である。有史以前も以後も、移住という現象は何度も繰り返されてきた。その多くは、短い距離を移動しただけの集団に関係している。この小規模な移動が、事態をより複雑で、より錯綜《さくそう》したものにしている。にもかかわらず、私たちのゲノムに三つの主たる構成要素が認められ、その起源が先史時代のヨーロッパにおける三度の重大局面に求められるのであれば、それはシンプルに、この三つの移住が、今日まで消えない痕跡をＤＮＡに残すほどに重要な出来事だったということに過ぎない。

食習慣の変化

新石器時代に起きた食習慣の変化も、ＤＮＡに痕跡を残している。もっとも、エッツィ本人のＤＮＡにその痕跡は見られないのだが、エッツィの血縁や、エッツィが属していた新石器文化の集団の子孫には残っている。

だが、本題に入る前に、すこし補足説明をしておく必要がある。ご存じのとおり、新生児は誰もが乳を消化できるが、成長とともに分岐点がやってくる。乳離れをしたあと、なんの問題もなくジェラートやモッツァレラチーズを食べられる人がいる一方で、牛乳や乳製品を摂取するなり、腹の調子を（ときには深刻なまでに）崩す人もいる。これは、私たちの腸内で、乳糖（ラクトース）になにが起きているかに左右される。乳糖は、より小さな分子のグルコースとガラクトースが化学的に結合することで構成されている。グルコースは動物や植物にとって、エネルギーの主たる源泉である。乳の形でそれを摂取できることは、乳を消化する能力をもった個体にとっては、エネルギーを多く含んだ資源を利用できるという、疑いようのない利点がある。では、乳を消化できる人とそうでない人は、なにが違うのか？　じつは、乳を消化するにはある**酵素**が、つまり、生体内で起きる化学反応を促進することに特化したタンパク質が必要となる。その酵素はラクターゼと呼ばれ、*LCT* 遺伝子によって産生される。

乳糖が小腸に到達すると、細胞内のラクターゼが乳糖をふたつに切り分ける。こうして、グルコースとガラクトースというふたつの小さな分子が、血液のなかを運ばれていく。これは新生児だけでなく、*LCT* 遺伝子が機能しつづけ、ラクターゼが産生されつづけている大人の身にも起きていることである。このような現象を、「ラクターゼ活性持続症」という。

反対に、*LCT*遺伝子が機能せず酵素が産生されないのであれば、乳糖は小腸で吸収されずに結腸へ運ばれる。そこには、基本的には無害の細菌が、数多く住みついている。乳糖がやってくると、細菌の大宴会が始まり、宴の終わりにはガスと水が放出される。これが下痢や、そのほか深刻な体調不良を引き起こす。つまり、大人になってもラクターゼをもっているかどうかが問題なのである。

この違いをもたらしているのは、*LCT*遺伝子そのものではなく、この遺伝子のそばにある、スイッチの機能を果たす部位である。数百万年の長きにわたって、ヒト属の無数の構成員は、一定の年齢に達すると乳離れして、乳を摂取することをやめてきた。すると、このスイッチが*LCT*遺伝子の働きを停止させ、ラクターゼともお別れとなる。数百万年のあいだ、この機能は有効に働いていた。役に立たない遺伝子のスイッチを切ることは、エネルギーの節約になるからである。だが、直近の数千年のあいだに、乳を出す家畜の飼育が始まると、事情が変わってきた。ラクターゼの維持は、より栄養価の高いものを食べ、自身の生存率を高めることにつながった。

それはそうなのだが、大人になっても*LCT*遺伝子がラクターゼを産生しつづけるようにするには、先述のスイッチを壊す必要がある。より事実に即した言い方をするなら、スイッチの働きを妨げる**変異**が必要になってくるのである。

アフリカとヨーロッパでこの変異が広まったのは、新石器時代以降のことである。それより早かったということは考えられない。なぜならこの変異は、乳を出す動物を飼育する者にしか利点がないからである。この変異は移住を通じて世界に拡散されたが、地球のすみずみまで行き渡ったわけではなかった。日本ではチーズではなく豆腐が好まれるが、これは東アジアまでこの変異が到達しなかったからである。もっと言うと、新石器時代の最初期の農耕民にも、乳糖にたいする耐性は備わっていなかった。エッツィを含め、この時代に属す人びとのゲノムを調べたところ、大人になってからはラクターゼが産生されていなかったことが判明した。これは別に不思議な話ではなく、肌の色について見たときにも、私たちはすでに同じような事例に接している。ある特徴が広まるためには、その特徴に利点があるだけではじゅうぶんではなく、DNAのなかに適切な異型《バリアント》が存在しなければならないのである。そして、偶発的な変異の所産にほかならないこの異型は、発現するのに多くの時間を要することもあれば（ヨーロッパでは、新石器時代の初期農耕民の到来よりも遅かった）、ほとんど発現しないこともある（東アジアがその例である）。

乳の話がいち段落したところで、パンとワインにも手短に触れておきたい。発酵は、食べ物を保存するためのもっとも古い手段であり、単細胞の菌類である酵母の介入を必要とする。新石器時代、人類は穀類、ウシ、ブタに加えて、酵母も飼いならしたと言えるかもしれない。そうではなく、酵母が人類を飼いならしたのだと主張しても、あながち間違ってはいないだろう。酵母は、自分たちの世話をさせるかわりに、人類の生存を手助けしてきた。酵母は糖をアルコールと二酸化炭素に分解する。原材料と発酵の種類次第で、人はパンを作ったり、アルコール飲料を作ったりする。

フランスの遺伝学者のグループが六五〇株の酵母を調査したところ、人類がはじめて酵母を利用したのは、一万年前のメソポタミアだとする結論が出た。そこから、ワインとビールは新石器文化の集団とともに広がり、地中海沿岸やドナウ川沿いを進んでいった。

ワイン生産のための最古の設備は、アルメニアのアレニで発見された六〇〇〇年前の醸造所跡である。幅の広いたらいの縁《ふち》が上を向き、そこに樋《とい》のようなものが渡してあり、つぼの形をした容器に液体が流れこむ仕組みになっている。現代のワイン生産設備と形態が似ていることと、周囲の土地から大量のブドウの種が発見されていることを併せて考えるなら、この希少な考古学的発掘物の用途は明らかだった。

エッツィがワインを飲んでいたかどうかは定かでないが（可能性は低いように思える）、ビールに相当するような新石器時代のアルコール飲料を飲んでいたと考える根拠ならある。ひょっとしたら、日が暮れるころ、雲の下から太陽が現れて、山頂が炎のような赤に染まるとき、岩に腰かけ、アルプスの雄大なパノラマを眺めながら、暮れ方の一杯を楽しんでいたかもしれない。

私たちはエッツィに、多大な恩を負っている。そのひどく痛ましい最期にもかかわらず、彼はきわめて貴重で有益な情報を私たちに送りとどけてくれた。おかげで、新石器革命が人類の生活スタイルをどう変えたか、私たちはより良く理解できるようになった。

エッツィの物語は、メディアにさんざんとりあげられたせいで歪曲《わいきょく》され変質してしまったが、それは彼が悪いのではない。先にも書いたとおり、エッツィの性器は体を氷から取り出すときに失われた。ところが、想像力のたくましいどこかの誰かが、エッツィに性器がないのは、儀礼的な理由で切除したからではないかと言い出した。あるいは、すでに見てきたとおり、エッツィはヴィーガンの走りだとか、鍼灸の先駆者だとか、はたまた、いったいなにを根拠にしているのかわからないが（自己暗示にかかったのか、お国自慢をしたい一心なのか……）、「高度な霊能力」の持ち主だとか主張する者もいた。アメリカ合衆国のメディアは、ジョゴ・ディ・ティサで発見されたミイラは生きた人間であるとでもいうかのごとくに、エッツィの不死性を力説し、懐《ふところ》に余裕がある人びとの体を液体窒素で保存するサービスの再開を迫った。そうすれば、われらのエッツィは、より良い時代での復活に備えられるからである。これらすべての狂騒にかんして、当然ながら、エッツィにはいっさい、なんの責任もない。

第15章

記述し、分類し、理解する

ホモ・サピエンス

チャールズ・ダーウィン　200年前

ダーウィンのためらい

人によって答えは違うだろうが、「一九世紀を生きた人間のなかで、生まれるのが一世紀早かったように思えるのは誰か」と訊《き》かれた場合、私であればふたりの名前が思い浮かぶ。ひとりはジャコモ・レオパルディ〔訳注：イタリア文学史を代表する詩人〕、そしてもうひとりが、本章の主人公、チャールズ・ダーウィンである。いずれも、私たちが生きるこの世界を可能なかぎり深く理解したいという熱望に駆られながら、しかも同時に、私たちの認知能力の限界を嫌というほど自覚している、不安定な精神の持ち主だった。一世紀早く生まれた者は、みずからが属す時代に疎外感を覚え、生まれる時代を間違えた代償を支払わされる。

チャールズ・ダーウィンは一八三一年、二二歳でビーグル号に乗船し、世界中をめぐったあと、一八三六年一〇月に下船する。この航海が、彼の人生を決定づけた。五年にわたって、昼となく夜となく研究に没頭した。動物、植物、鉱物にかんする膨大なデータを収集し、のちに進化論を構築するための経験的な基礎を固めた。彼のもっとも重要な著作である『種の起源』は、近代的な思考の大伽藍《だいがらん》であり、いまなお現代生物学の支柱でありつづけている。ベネデット・クローチェの言いまわしを拝借するなら、私たちの誰もが、「ダーウィン主義者ではないと言うことはできない」〔訳注：クローチェの論文「私たちはキリスト教徒ではないと言うことはできない」を踏まえた表現〕。

ビーグル号を降りたあとはどうしたかと言えば、一八四二年九月、三三歳の若さでケント州ダウンの自宅に隠遁《いんとん》し、それから死ぬまでそこで過ごした。さまざまな性質の体調不良を訴えていたらしく、伝記作家たちは何世代にもわたって、ダーウィンの病状をあれこれと推測してきた。科学的なテーマにかんする公開討論や講演の類《たぐ》いが企画されると、発疹《ほっしん》、振顫《しんせん》〔訳注：体の一部が不随意的に震える症状〕、頻脈、高熱、吐き気といった症状が、目に見えて悪化した。一八三七年九月、『ビーグル号航海記』の草稿を見なおしていたころにはもう、「好ましからざる動悸《どうき》」に悩まされていた。医師はダーウィンに、仕事を中断して、しばらく田舎で静養するように勧め、ダーウィンはしぶしぶその助言に従った。年を追うごとにこの種のエピソードは増えてゆき、その傾向はダーウィンが没するまで変わらなかった。彼の自伝には次のような一節がある。

私たちよりも世間から遠ざかって暮らしている人間は、ごくわずかしかいないだろう。知人の家にほんのいっときおじゃましたり、ときおり海やらどこやらへ出かけたりすることを別にすれば、私たちはいっさい外出しない。はじめのうちは、たまに社交界に顔を出したり、ここでわずかな友人を迎えたりしていた。しかし、外界からの刺激はますます私の健康に害をおよぼし、私は激しい震えや猛烈な吐き気に襲われるようになった。そのために、私は長年にわたって、世俗的な夕べというものを完全に断念せざるをえなかった。

おそらく彼は、「世俗的な夕べ」をそこまで嫌っているわけでもなかったのだろう。一八三八年のノートに書かれた、妻をめとるべきかどうかを検討しているくだりでは、彼は結婚を「おそるべき時間のむだ」と表現している。それでも、ダーウィンは結婚を受け入れた。むしろ彼は、自身の不安定な精神状態がたたって、公衆に向けて開かれた科学的な討論の場にみずからおもむけないことに、苦々しさを感じていた。ダーウィンの代理として、誰か別の者を派遣せざるをえないこともあった。その一例が、一八六〇年六月三〇日、ダーウィンに代わってトマス・ハクスリーがウィルバーフォース大司教と対峙《たいじ》した、かの有名な「オックスフォード進化論争」である。

ダーウィンが遺《のこ》した膨大な書簡や、彼の身近にいた人たち（さぞかし苦労が多かったことだろう）の証言からは、自分自身とも折り合いがつけられない狷介《けんかい》な人物像が浮かびあがる。自身の論理的思考には深い信頼を寄せていた一方で、社会的な関係を構築することはまったくの不得手であり、周囲から受け入れられないのではないかという不安にとりつかれていた。たびたび怒りを爆発させ、すぐにそれを後悔し、常人には思いもよらない仕方で埋め合わせをしようとした（たとえば、息子ウィリアムにぶしつけな言葉を浴びせてしまったときは、わざわざ深夜に訪問して謝罪している）。ダーウィンの性格が不安定だったのは、南米を旅していたときに感染したと推定される、シャーガス病が原因だとする説がある。だが、素直に考えるなら、心理的な要因を疑うべきだろう。アイオワ大学のふたりの医師、トマス・バールーンとラッセル・ノイズによれば、ダーウィンはパニック障害をわずらっていたとするのが、いちばん理屈の通った説明だという。

ダーウィンの健康について詮索することがこの本の目的ではない。だが、ダーウィンが虚弱だったこと、あるいは、自分は虚弱だという認識をもっていたことは、彼の行動を理解するうえで重要な意味をもつ。ダーウィンには自信がなかった。自分の思想は、長い歴史をもつ偏見と衝突し、ことによったら、最悪の事態を引き起こすかもしれないと予見していた。一八四四年一〇月一一日、友人で同業者のレナード・ジェニンズに宛てた手紙が、そのことを物語っている。

家畜や植物の多様性、種とはなにかという問題、これらにかんするデータの読解と収集に、これまで粘り強く取り組んできました。手もとには広範な事実がそろっており、そこからいくつかの堅固な結論を引きだすことができると思います。正反対の確信から出発して、私がゆっくりと到達した総合的な結論は、種は変化するということ、似たような種は共通の祖先から枝分かれしたということです。このような結論にいたった私にたいして、どれほどの非難が向けられるか、私は自覚しています。ですが、私はすくなくとも、誠実に、明確な意志をもって、この結論に達しました。当面のあいだは、このテーマにかんする文章を公表するつもりはありません。

ダーウィンは「正反対の確信から出発して」、種は長い時間を通じて新たな器官を獲得することを理解した。「共通の祖先」から枝分かれして、種はそれまでとは異なる生物に姿を変える。種は変化する。まだ「進化」という言葉こそ使われていないものの、自然の法則こそが生物の多様性を理解するのに役立つということを、ダーウィンはほかの誰よりも早く理解していた。ダーウィンが正しかったことは、後世に行われた何百、何千という実験が証明している。

それでも、この手紙が書かれた一八四四年、三五歳という、世の男性が野心を抱き、未来に向けて計画を描く年ごろに、ダーウィンはただただ、長きにわたって口を閉ざすことを計画していた。そして、実際にその計画に従った。ビーグル号の旅を終えてから、ダーウィンはあと四六年生きることになる。そのちょうど半分が過ぎたころに、ようやく『種の起源』が刊行される。そのあいだ、彼はダウンの自宅に閉じこもり、あらゆる活動に手を出した。無数の手紙を執筆し、法律を執行し、クリケットをプレーし、一〇人の子を儲《もう》け、ミミズがコントラファゴットの音を聴いているかどうか理解しようと努め、共済組合を設立し、フジツボにかんする記念碑的な論文を執筆した。後世の私たちから見れば、これらすべてが、「その時」を先延ばしするための活動だったように思える。

まわりからさんざん急《せ》かされた末に、ダーウィンは自身の理論の概要をはじめて公表する。そのときの反響について、自伝には次のように書かれている。

私たちの科学的な成果物は、ほとんど関心を呼ばなかった。私が覚えているかぎり、活字になった唯一の反応はダブリンのホートン教授からのもので、彼の裁定によれば、論文に書かれていることのうち、新しいことはすべて誤りで、正しいことはすべて古びているとのことだった。

そしてついに、一八五九年一一月二四日、『種の起源』が刊行される。値段は一五シリング。初版で刷った一二五〇部は、刊行されたその日のうちに完売した。この本は、私たちの種にかんしてはごくわずかな紙幅しか割いておらず、その記述は曖昧なことで有名である。ダーウィンの理論において、人類が果たす役割は二次的なものにとどまる。なぜなら、ヒトの進化に特別なところはなにもないからである。レナード・ジェニンズに宛てた一八六〇年一月七日付の手紙で、ダーウィンは次のように書いている。

もちろん、誰であれ、単一の奇跡によって人間が出現したと信じることはできます。ただし、私はそれが必然であったとは思わないし、蓋然性も感じません。

しかし、遠からず人間の進化が人びとの口の端《は》にのぼるであろうことを、ダーウィンはあらかじめ察知していた。彼が身を置き、そこから尊重されたいと願っている社会の偏見に正面から取り組むとで、みずからの信望を危険にさらすことを彼は恐れていた。第6章で書いたことを思いだしてほしい。ネアンデルタール人の化石の発見は、人類の太古の形態が存在したこと、すなわち、人間の誕生は奇跡でもなんでもないことの、有無を言わせぬ証拠だった。ところがダーウィンは、この化石の発見にかんして、あらゆるコメントを控える方針をとった。

世紀の発見にたいして正当な評価を与えることを、ここまでためらうのはなぜなのか。それを理解するには、当時のヴィクトリア朝社会の性格を思い起こす必要がある。そこは、骨の髄までエリート主義に染まった世界であり、フランス革命がもたらした混乱がいまだ収束しきらないなか、上流階級は科学を含め、あらゆる分野における急進的な思想を恐れていた。『種の起源』はすでに、多くの人びとにとって、危険きわまりない「異端の」思想だった。イアン・タッターソル（第3章参照）はそれを、「既成の秩序を木っ端みじんにするためのレシピ」と表現している。

一二年後、人間の進化にかんするみずからの思想を、『人間の由来』という著書で明らかにしようと覚悟を決めたとき、ダーウィンは生物学者のセント・ジョージ・マイヴァートに宛てた手紙のなかで、次のように書いている（一八六九年四月二三日付）。

私の著書が刊行されたら、あらゆる方面から非難が飛んでくるでしょう。それどころか、処刑されるかもしれません。

今日まで続く非難

さすがに処刑はされなかったが、非難には事欠かなかった。そして、それは今日まで続いている。

二〇〇二年の大統領選挙で、ジョージ・W・ブッシュはこう表明している。「進化のテーマにかんして言えば、神がどのように世界を創造したかについての裁定は、いまだ下されていない」。二〇〇五年四月二四日、教皇ベネディクト一六世は、サン・ピエトロ広場ではじめて行った説教で、みずからの責務を果たすべくこう言っている。「私たち人間は、進化がもたらした、意味のない偶然の産物などではありません」。二〇一一年四月二四日にも、教皇は似たような表明を繰り返している。「仮に、人間が宇宙のはずれで、進化によって偶然に生まれたのなら、その生は意味を欠いたものとなり、それどころか、自然界にとってじゃまな存在であるとさえ言えるでしょう」。ウィーン大司教のシェーンボルン枢機卿《すうききょう》は、二〇〇五年に『ニューヨーク・タイムズ』紙に寄稿した書簡で、このテーマについて詳述している。

一般的な意味での進化は、正しいこともありえる。しかし、ダーウィン的な意味での進化、つまり、偶然による変異と自然選択がもたらす無計画なプロセスとしての進化であれば、端的に言って間違いである。生物の設計に企図が認められるという明白な証拠を否定する思想体系はすべて、科学ではなくイデオロギーである。〔……〕宇宙には目的と企図があることを示す驚くべき膨大なデータを否定するために創出された、ネオダーウィニズムとやらの科学的野心を前にして、二一世紀を迎えたいま、カトリック教会はあらためて、自然界には内在的かつ明白な企図が存在すると宣言し、人間の理性を擁護するだろう。それを否定しようとする科学理論はすべて、偶然と必然のどちらに味方しようとも、まったく科学的ではなく、ヨハネ・パウロ二世の言葉を借りるなら、人間的な知性の放棄である。

「ネオダーウィニズムとやらの科学的野心」、「人間的な知性の放棄」。なんとも大仰な言葉である。シェーンボルン枢機卿（そしてベネディクト一六世）にとって、理性を守り、そのために「驚くべき膨大なデータ」を活用できる立場にあるのは、科学ではなく教会なのである。だが、「二一世紀を迎えたいま」、超自然的な知性の介入なしには自然界がどのように機能しているか理解することはできないと主張するのは、相当に骨の折れる作業であると推察される。残念ながら、シェーンボルンは理屈の通った説明を提示していないし、彼の言う「膨大なデータ」がどこにあるのかもわからない。おそらく、『ニューヨーク・タイムズ』から提供された紙面がじゅうぶんでなかったために、説明を尽くすことができなかったのだろう（これは皮肉である、念のため）。

これらすべてを考え合わせるなら、ダーウィンの理論が被ったのは、「処刑」よりはいくぶんまし、だが、「非難」よりはだいぶ厳しい仕打ちだった。それは嘲り、ブーイング、ダーウィンの面子《メンツ》をつぶそうという悪意だった。

人種で分けることへの疑い

一九世紀に話を戻そう。一八五八年四月一日、『種の起源』の構想がかなり固まってきたころ、ダーウィンはジェニンズに手紙を書いている。

私の著書のテーマをお尋ねでしたが、万物《レブス・オムニブス》にかかわることではないかと愚考しています。博物誌と地質学のあらゆるデータを、ふたつの観点から検討しようとしています。そのふたつとは、すべての種は別個に創造されたのか、あるいは、種はほかの種から枝分かれして、現在のような多様な姿になったのか、という観点です。結論は、種は不変であるとする説に、真っ向から対立するものとなりました。

さて、このあたりで、だいぶ前に保留にしていた問いに立ち返ってみよう。それは、サピエンスとネアンデルタール人は同じ種に属しているのか否か、という問いである。

「種は変化する」というダーウィンの結論を受け入れるなら、この問いは意味を失う。リンネ（彼については第4章で触れた）にとって、植物や動物に与えられる名前は、創造と同時に確定される各生物の本質に対応するものだった。だが、時間の流れとともに種が変化するなら（無数の化石がそのことを証言している）、ダーウィンが予見したように、分類学は系譜学へその座を譲る。種の関係性を示す系統樹において、近くに位置するふたつの種は、違う名前で呼ばれるのにじゅうぶんなほどには異なるが、なおも交雑して混血の子を儲けられるということがありうる。これが、ネアンデルタール人とサピエンスが出会ったときの状況である。ペシュテラ・ク・ワセ（第9章参照）の化石は、ネアンデルタール人とサピエンスが交雑して生まれた混血児だった。

そうは言っても、古生物学者がネアンデルタール人とサピエンスの頭蓋骨を完全に別物として扱っているという事実は残る。つまり、二者を別の名前で呼ぶことには意味があり、たとえ私たちのなかにネアンデルタール人のゲノムの小さな欠片が残っているとしても、ネアンデルタール人を絶滅した種として語るのは正当だということである。

ダーウィンが「**種** species」と「**人種** race」という言葉を区別なく使用しているのは、理由のないことではない。彼にとってはどちらも、おたがいにじゅうぶんに似かよっているがほかとはじゅうぶんに異なっている個体群、ひとつの名前で呼ばれるに値するグループを指す言葉であり、それ以上でもそれ以下でもなかった。ふたつの個体を異なる種に分類したからといって、その二者はつねに（ウマとロバの組み合わせのように）生殖能力のない子を生むわけではない。

「species」と「race」の使い分けに無頓着であったとしても、当時も現在と同じように盛んだった人種をめぐる議論に、ダーウィンが無関心だったということにはならない。リベラルな思想をもった家系に生まれ、エディンバラ大学ではジョン・エドモンストン（かつては英国領ギアナで奴隷の身分にあった剝製師）のもとで学んだダーウィンは、奴隷制度の廃止を訴える闘士でもあった。当時もいまも、人種とは政治と科学が交叉《こうさ》するアリーナだった。おそらくはそれもあって、一八五九年刊行の『種の起源』では、人間について論じないことに決めたのだろう。ダーウィンには優先順位があったのである。

だが、一八七一年には、フランス革命の記憶も薄れ、より大胆な立場を打ち出すことが可能になった。一方には、人類は人種に分けることができ、それぞれの種はそれぞれ異なるサルから進化した（あるいは、人智を超えた創造者が造形した）と考える人びとがいた。これは**多源説**と呼ばれ、奴隷制度の支持者にとって都合が良かった。支持者はそこに、自分たちの悪事を正当化する根拠を見てとっていたのである。そして、もう一方には、私たちはみな単一の種のメンバーであると考える人びとがいた。これは**一源説**と呼ばれ、奴隷制廃止論者が採っていた立場でもある。一源説の支持者の一部は、人類について説明するのに人種の概念は有効でないとさえ考えていた。

ダーウィンは一源説を支持する側であり、人間の種（race）について語ることの意味に疑いを抱いていた。それは、彼の政治的信条によるところもあるのかもしれないが、『人間の由来』で展開されているのは、一分の隙もない科学的な議論である。遠い過去から、あるいは、遅くともガリレオの時代から、科学研究は結果の再現性を要請してくる。つまり、複数の科学者が同じ実験に取り組んだ場合、同じ結果が得られなければいけないということである。もし結果が異なるなら、それは科学とは別物のなにかである。

　現在では、おもにふたつの理由から、生物学的な人種の概念は失効している（一部には、堅牢《けんろう》な砦《とりで》に立てこもって、むなしい抵抗を続けている論者もいるが）。第一の理由は、これまで人類学者や博物学者が人種のカタログを何十種類と発表してきたが、どのような人種がいくつ存在するのかという点について、一度たりとも統一的な見解が得られていないからである。第二の理由としては、近年のゲノム研究が、人類は異なるグループに分割されないと決定的に証明したということが挙げられる。ほかの生物でいうところの「亜種」のようなグループ分けが、人類には適用できないのである。

　ダーウィンはゲノムとはなにかということは知らなかったが、結果の再現性については明確な考えをもっていた。


人間は、ほかのいかなる動物よりも注意深く研究されている対象だが、人間がいくつの種類に分けられるかという点にかんしては、権威ある人びとのあいだでも大きく意見が食い違っている。ある者はひとつだと言い、また別の者によればふたつ（ヴィレー）、三つ（ジャキノ）、四つ（カント）、五つ（ブルーメンバッハ）、六つ（ビュフォン）、七つ（ハンター）、八つ（アガシ）、一一（ピカリング）、一五（ボリ・ド・サン＝ヴァンサン）、一六（デムーラン）、二二（モートン）、六〇（クローファード）、あるいはバークによれば、六三となる。

　変化に富む生物集団の記述に着手するという不運に見舞われた博物学者はみな、人間を相手にしたときとそっくり同じような状況に直面する（私は実体験から語っている）。もしその博物学者に慎重さが備わっているなら、最終的には、個体間で濃淡があるすべての形態を、単一の種としてひとつにまとめるだろう。なぜなら、自分でも定義できない対象に名前を与える権利などないと、みずからに言い聞かせるからである。

遺伝学の結論

複数の人間集団のあいだに認められる差異とは「濃淡」に過ぎず、自分でも定義できない対象に名前をつける権利は私たちにはない。ダーウィンのこの言葉に、付け加えるべきことはほとんどない。ダーウィンは、DNAとはなにかということも知らないままに、遺伝学がこの問題を解決するより一世紀も早く、事の真相を見抜いていた。

一九六一年になってようやく、アメリカの人類学者フランク・リヴィングストンが、人種の実在性にたいして強い疑念を表明した。このテーマにかんする最初の遺伝学的な研究をリチャード・ルウォンティンが発表したのは、一九七二年のことである。黒人、白人、黄色人種のあいだの違い、あるいは、それとは別の分け方をしたときの人種間の違いは、見た目には大きいように思えるかもしれないが、遺伝子レベルではほんとうに存在しているのか。これが、ルウォンティンの研究の前提となる疑問だった。この問いに答えるために、彼は世界中の集団をサンプルとして、一七の遺伝子を分析した。遺伝子の差異は、三つの観点から検討される。その三つとは、同一集団に属す個人間の差異、人類学者が同じ人種に分類している集団間の差異、そして、異なる人種間の差異である。人種をどのように分けるかという問題があったが（先にも書いたとおり、人種のカタログは数え切れないほど存在する）、このときルウォンティンが選択したのは、もっとも人口に膾炙《かいしゃ》している、人種を七つに分ける分類だった。ルウォンティンの計算では、人間の遺伝子の違い（変異性）の八五パーセントは、同一集団に属す個人間に認められた。それにたいして、同じ人種に属す集団間の違いは八パーセントで、残りの七パーセントが人種間の違いだった。

その後の数十年間、調査対象となる集団の数を増やし、分析するゲノムの部位を拡大して、多くの遺伝学者が同様の計算を行ってきた。そのすべてが、ルウォンティンの計算結果を裏づけることとなった。彼の論文の結論部分を、ここで引用しておこう。

人間の集団もしくは下位集団のあいだに認められる差異は、集団内の個人間に認められる差異よりも大きいという私たちの認識は、明らかに誤っている。遺伝的な差異にもとづいて言うならば、ある人種と別の人種、ある集団と別の集団はきわめて似かよっており、人間の多様性の大部分は個人間の差異によって表される。人種の分類にはいかなる社会的な価値もなく、しかもそれは、社会関係と人間関係に明白かつ破壊的な影響を与えている。この分類に遺伝学的もしくは分類学的な意味はまったくないことが証明されたいま、それを維持することを正当化する根拠は皆無である。

要するに、異なる人種に割り振られたふたりの人物の遺伝的な差異が一〇〇であるとするなら、同一集団に属す者同士の違いはそれよりわずかに低いだけ、平均すると八五になるということである。二〇〇九年に発表されたアン・ソンミンとその共同研究者らの論文は、ひとりの韓国人のゲノムが、ふたりのヨーロッパ人のゲノムの中間に位置しうるということを証明した。つねにそうなるわけではないが、そうなることもありえるということである。私たちのＤＮＡのなかにほんとうに存在しているものを理解したいなら、人種というラベルは相手にしない方が賢明である。

それでも、世の中を見渡せばわかるとおり、人間を人種で分けようとする人びとはいなくならない。こうした手合いは、いまではだいぶ旗色が悪いとはいえ、折に触れて勢力を盛り返してくる。

ご存じの読者もいるだろうが、アメリカ合衆国の国勢調査では、自分がどの人種に属すか答えなければならない。だが、統計の継続性には見向きもせず、人種のカタログは一〇年ごとに更新される。一八六〇年には三つ（白人、黒人、混血《ムラート》）だったのが、一九三〇年には一〇、二〇〇〇年には二五に膨れあがり、二〇二〇年には二三に減じている。早い話、アメリカ合衆国における「人種」とは、私たちの生物学的な差異とはほとんど関係がない。そうではなく、歴史のある段階で、「私たちは〇〇という人種である」と主張しはじめた社会集団が、アメリカ国内でどれだけ存在感をもっているかという点が問題になるのである。たとえば、一九七〇年からは「プエルトリカン（プエルトリコ人）」、八〇年からは「サモアン（サモア人）」という「人種」を選択できるようになった。

二〇二一年、人種のテーマについては長いあいだ慎重な態度をとっていたアメリカの重要な医学雑誌『ニューイングランド・ジャーナル・オブ・メディスン』が、異分野の専門家（医学者、遺伝学者、心理学者）を集めて討論会を企画した。全員一致の結論として示されたのは、医療の現場において、診断を下すにしても、そして（もし可能なら）治療を行うにしても、患者を人種で分けることにはなんの意味もないということだった。

そう、科学の世界では、すでに結論は出ているのだ。それでも、現実には、日々のなにげない会話や、メディアが発信する情報を通じて、移民にまつわる古い偏見と新たな恐怖が入りまじり、いまなお間違った意見が生まれつづけている。

おそらく、議論が間違った方向に進んだのは、フランク・リヴィングストンの論文タイトル（「人種の非‐実在性について」）にも原因があるのだろう。なにかが「存在しない」ことを証明するのは難しい。「証拠が存在しないこと」は、「存在しないことの証拠」とイコールではないのである。リヴィングストンの論文が発表されてから数十年が経過したいま、おそらく私たちは、人種の「非‐実在性」についてではなく、「非‐有効性」について語るべきだろう。

リヴィングストンは血液の病気を研究し、世界のさまざまな集団における病気の分布状況は、いかなる人種のカタログにも合致しないことを突きとめた。ソマリアでもキプロスでも、イタリアのポー川でもインドでも、同じように**サラセミア**にかかるのである。ルウォンティンや、後続する多くの研究者による計算は、同一エリアに暮らす人びとのＤＮＡには、たがいにたいへん似ているもの、ある程度似ているもの、ある程度異なるもの、たいへん異なるものが併存することを証明した。個人の遺伝子の中身を知りたいなら、その人物のＤＮＡを調べれば事足りるのであって、頭蓋骨の形状や皮膚の色しか手がかりがなかった一九世紀の分類法に頼る必要はどこにもない。

大方の同意を得られるような言い方があるとしたら、おおよそこんなところだろうか。「人種とは、人類の生物学的な差異を記述するための粗雑な尺度だったが、より信頼性が高い精妙な手段を科学が用いるようになった時点で、その役割を終えた」。チャールズ・ダーウィンは、遺伝学者より一世紀も早くに、そのことを直観していた。

本書ではここまで、私たちの祖先の肖像が飾られたギャラリーを旅してきた。その締めくくりとして、チャールズ・ダーウィンの肖像（本書口絵）ほどふさわしい一枚はない。私たちはダーウィンから、世界の新しい見方を教わった。何世代もの時間をかけて、私たちをいまの姿へ導いた現象を、生物学的な差異から出発してどのようにさかのぼっていけるのかを、ダーウィンは私たちに教えてくれた。私たちの感謝の理由が、これ以上なく的確に要約されている、フラヴィア・サロモーネとファビオ・ディ・ヴィンチェンツォの言葉を、最後に引用しておきたい。

ダーウィンはたんに、従前の世界認識や、それまで支配的だった科学的、哲学的、宗教的な枠組みの総体に、根本からの修正を迫っただけではない。私たちは何者で、この世界とどのような関係を築いているのかという点にかんして、今日の私たちが（ダーウィンのおかげで）もちえている認識、つまり、私たち自身から出発して現実の全体像を認知する方法を、取り消しようがないほど決定的に、私たちに知らしめたのである。ダーウィンの著作はしたがって［……］、二五〇〇年前にデルフォイのアポロン神殿に刻まれた箴言《しんげん》と向き合うための、理想的な土台となるだろう。「汝《なんじ》自身を知れ」

結び

私がなぜソーシャルメディアの議論に加わらないのか、ここで説明しておこう。興味がない読者は、この段落は読み飛ばしてもらっても差し支えない。一九八〇年代、アメリカ合衆国のファストフードチェーン「A&W」が、マクドナルドのもっとも有名なハンバーガー「クォーターパウンダー」の向こうを張ろうと決心した。クォーターパウンダーには、四分の一《クォーター》ポンド（だいたい一〇〇グラム）のビーフパティがはさまっている。そこでA&Wは、クォーターパウンダーと同じ値段で、「サードパウンド」、すなわち、三分の一ポンドの肉がはさまったハンバーガーを売り出すことにした。結果は散々だった。市場調査を実施したところ、大半の回答者にとって、三は四より小さいから、三分の一は四分の一よりも小さいのだった。私がソーシャルメディアの議論に参加しないのは、このような事情による。

だが、正直に告白するなら、ネット上の書き込みをチェックすることもある。以前、YouTubeにアップされている私のトークのコメント欄に、誰かがこんなことを書いていた。「この大学教授はこう言ってる。一九世紀の科学はこれこれについて間違ってた、二〇世紀前半はこれこれについて間違ってた、うんぬんかんぬん。だったら、あとすこし待てば、あんたが間違ってることもわかるんじゃないの？」残念だが、この批判は的外れである。もちろん、私が間違う可能性はつねにあるが、ポイントはそこではない。

考えるべき問いはこうだ。明日になにか新しいことを知りうるからといって、いま知っていることを手放さなければいけないのか？　それは道理が通らない。科学と技術が進歩すれば社会も自動的に進歩するのか、という議論はあるにしても（私は「ノー」と答える側につきたいと思う）、科学の進歩が現実に存在し、それが社会にプラスの影響を与えてきたことはたしかである。一九世紀から二一世紀にかけて、人間の平均寿命がどれだけ延びたかを見るだけでも、それは一目瞭然《りょうぜん》だろう。

科学に備わっているのは、なにが真実なのかを確信をもって伝える能力ではなく、なにが間違っているかを伝える確実な方法である。ガリレオ以後、科学は次のような手順を踏む約束になっている。「仮説を立てる」→「仮説を立証するために実験する」→「実験の結果と矛盾しない仮説は、真実である可能性があるため暫定的に受け入れる。実験と合わない仮説は、確実に間違っているため却下する」。このようにして、すこしずつ、「不確かさ」の余白を減らしていく。科学の理論（たとえば、獲得形質が遺伝するというラマルクの学説やニュートン物理学）は、つねに修正される可能性があるし、それどころか、より多くの現象を的確に説明できる理論（たとえば、ダーウィンの進化論や量子力学）によって退場を迫られることもある。こうして、間違いや不備をひとつずつ修正し、私たちが生きている世界についてより良く理解するための方法を構築する。

だが、いかなる新発見も、間違いであることがすでに証明された理論を、真理の座に引き戻すことはできない。今後、天文学の研究がどれだけ進歩しようとも、健全な知性の持ち主が、地球は不動で太陽がそのまわりを回転しているという説に回帰することはありえない。

同じことが、人類のアフリカ起源説についても当てはまる。どのような分野でも、参照する情報源が偏れば偏るほど、間違いを犯すリスクが高まる。だが、人類のアフリカ起源説にかんしては、化石も、考古学上の発掘物も、遺伝子も、すべてのデータが同じ方向を指し示している。たしかに、将来的には、人類の歴史の多くの側面が書き換えられることもあるかもしれない。たとえば、さまざまな形態の人類をどのような名前で呼ぶか、化石をどの種に帰属させるか、さまざまな種や集団がたがいにどのような関係を築いていたか、移住者はどのルートを通ったのか、自然選択や偶然の出来事はどの程度まで、私たちの外観や知性を形づくるのに寄与したのか。更新される可能性がある歴史なら、いくらでもあげられる。だが、これは自信をもって言えることだが、全体的な枠組みはもう変わらないだろう。なぜなら、それを変えようと思ったら、現在の私たちが扱えるデータ（相当な量である）と矛盾をきたすような、膨大な規模の新しいデータが必要となるからである。

人類の歴史を知ることになんの意味があるのか。「好奇心を満たせるから」、これが第一の答えである。だが、世の中には、「知る」ことに興味を示さず、「する」ことにしか価値を見いださない人たちがいる（このテーマにかんしては、映画『マザーレス・ブルックリン』のなかで、アレック・ボールドウィン演じる登場人物が興味深いモノローグを披露しているので、気になる方にはご視聴をおすすめする）。

そこで、実践的な価値についても触れておこう。たくさんあるなかからひとつだけ、第15章の内容に関係のある、ごくささやかな例をあげてみたい。何世紀ものあいだ、知識人のあいだでは、人間は人種（race）で分けられる、つまり、生物学的に見て同質の集団に割り振ることができると考えられていた。ウマもイヌも品種（race）で分けられるのに、どうして人間だけ分けられないことがあろうか？

まず、ウマやイヌを例に出すことが間違っている。ウマやイヌの品種とは、私たち人間が作りだしたもの、ブリーダーが行った選択の結果である。だが、自然界には、品種がある種とそうでない種とがある。遺伝学が、人間は「品種がない種」であることを証明した。そもそも、どのような人種がいくつ存在するのか、二世紀におよぶ研究の蓄積があっても合意にいたらなかったという事実が、人種という概念の有効性に疑問を投げかけていたのである（第15章で見たとおり、ダーウィンは一八七一年の時点で、その疑問を表明していた）。

だが、これもすでに書いたことだが、政治的ないし社会的な議論においても、カフェでのお喋《しゃべ》りでも、そして、最近になって加わった例としてはウェブ上でも、人種の概念は相変わらず大手を振っている。

現在では、重度の白血病でも骨髄移植によって治療できるケースがある。施術の際にいちばん大きな問題となるのが、ドナーと患者の適合性である。ドナーから提供される組織が患者のものとあまりに大きく違っていると（もうすこし詳しく言うと、ＨＬＡ遺伝子から産生される、細胞の表面にあるタンパク質に違いがあると）、移植を受けた体が組織を異物として認識し、拒絶してしまう。こうした事態を避けるために、骨髄移植は兄弟姉妹など、近親間で行われることが多い。血縁者のなかにドナー候補がいない場合に備えて、この種の手術を行っている医療施設は、世界中のドナーのリストをつねにチェックしている。そこには、ドナーのＨＬＡ遺伝子の特徴が記されており、患者の遺伝子と比較できるようになっている。

かつて、急性骨髄性白血病をわずらっていたジャクソン・スレイドというカナダ人の男児が、アメリカ人のドナー、マイケル・マナフィーによって救われたことがあった。ジャクソン・スレイドの肌は白く、マイケル・マナフィーの肌は黒かった。もし、私たちがいまもなお、人種による分類を真に受ける時代に生きていたなら、そして、肌の色は表面的な特徴に過ぎないことを理解していなかったら（肌は文字どおり私たちの体の「表面」にあるが、ここで言う「表面的」とは、肌の色はかならずしも、私たちの遺伝子の構成を教えてくれるわけではない、という意味でもある)、肌が黒いマイケル・マナフィーの骨髄を、肌が白いジャクソン・スレイドに移植しようなどとは、誰も考えつかなかっただろう。

「かつての私たちはどのようであったか」について、つまり、私たちの種の歴史について、私たちの違いはどこからきたのかについて理解することは、人の命を助けることにつながるのである。

謝辞

この本の構想が胚胎《はいたい》したのは、九月のナポリの、暑くて湿っぽいとある土曜日の朝、アンナ・ジャッルーカと長いお喋《しゃべ》りを交わしている最中だった。私は古生物学者ではないため、化石について書いているときに疑問が生じた際は、研究者仲間で友人でもあるジョルジョ・マンツィに相談した。毎回、即座に、ジョルジョは思慮に富む指摘や助言を返してくれた。告白するなら、本書のなかには一箇所、彼の助言に従わなかった部分がある（一箇所だけである）。ラテルツァ社のジュリア・ポルカーリは、良識と大いなる忍耐をもって、本書に掲載された再現像の著作権にかんするややこしい手続きをとってくれた。皆さん全員に、心から感謝します。

人類《じんるい》の祖先《そせん》に会《あ》いに行《い》く
——15人《にん》のヒトが伝《つた》える進化《しんか》の物語《ものがたり》

2024年10月20日　初版印刷
2024年10月30日　初版発行

著　者　グイド・バルブイアーニ
訳　者　栗原俊秀
装　幀　大倉真一郎
発行者　小野寺優
発行所　株式会社河出書房新社
〒162-8544　東京都新宿区東五軒町2-13
電話 03-3404-1201［営業］　03-3404-8611［編集］
https://www.kawade.co.jp/
組　版　株式会社創都
印　刷　三松堂株式会社
製　本　大口製本印刷株式会社
Printed in Japan
ISBN978-4-309-22937-9

グイド・バルブイアーニ（Guido Barbujani）
イタリアの集団遺伝学者・進化生物学者・小説家。1955年生まれ。ニューヨーク州立大学ストーニーブルック校、パドヴァ大学、ボローニャ大学を経て、現在、フェッラーラ大学教授。イタリア遺伝学会元会長。専門家として優れた業績をあげるかたわらで、一般向けの著述活動にも熱心に取り組んでいる。2007年、著書*L'invenzione delle razze*（人種の発明）で、文学と科学の世界を結びつける優れた著作に与えられる「メルク・セローノ文学賞」を受賞。

栗原俊秀（くりはら・としひで）
翻訳家。1983年生まれ。訳書に、カルロ・ロヴェッリ『すごい物理学講義』『カルロ・ロヴェッリの　科学とは何か』（以上、河出書房新社）、クリスティーナ・カッターネオ『顔のない遭難者たち——地中海に沈む移民・難民の「尊厳」』（晶文社）、ゼロカルカーレ『コバニ・コーリング』（花伝社）など多数。カルミネ・アバーテ『偉大なる時のモザイク』（未知谷）の翻訳で、第2回須賀敦子翻訳賞、イタリア文化財・文化活動省翻訳賞を受賞。

索引

（太字イタリックのページ番号は、「用語集」の該当ページを指します）

か行

さ行

な行

は行

ま行

や行

ら行

わ行

アルファベット

用語集

アウストラロピテクス　400万年前から200万年前のアフリカに生息したヒト科の霊長類。すでに絶滅している。ルーシー（第１章参照）はアウストラロピテクス・アファレンシスという種に属している。

アフリカ単一起源説　全世界の現生人類はアフリカの祖先に起源をもち、アフリカを出た祖先らが、ユーラシア大陸に先に住みついていたホモ・ネアンデルターレンシスやホモ・エレクトゥスに取って替わったとする考え方。この考えに則るなら、ホモ・ネアンデルターレンシスとホモ・エレクトゥスはたがいに異なる種であって、現代まで子孫を残すことなく絶滅したことになる。

移住　個体または集団が、ある土地から別の土地へ移動すること。

一源説　全人類は霊長類の単一集団に由来しているという考え方（遺伝子レベルで証明されている）。

遺伝学　生物学的特徴が先祖から子孫へ受け継がれることについて研究する学問分野。

遺伝子　１種類またはそれ以上のタンパク質を産生するのに必要な情報を含む、DNA の一部分。

遺伝的バリアント　対立遺伝子（アレル）の同義語。つまり、ある遺伝子が帯びる可能性のある多様な形態のひとつ。たとえば、人間の ABO 血液型を決定する遺伝子には、A、B、O という三つの遺伝的バリアント（対立遺伝子）が存在する。

遺伝的浮動　集団が孤立することで、その内部では遺伝子の多様性が減少し、外部の集団にたいしては多様性が増大する、偶発的な分岐現象。

ウイルス　細胞よりも小さく、細胞とは明確に構造が異なる生物。自身よりも高次な生物に寄生することによってのみ生きられる。

塩基　核酸の構成要素のひとつ。DNA（デオキシリボ核酸）には四つの異なる塩基（およびそれを含むヌクレオチド）が含まれる。

塩基配列　DNA の内部で塩基が並ぶ順序。

オーリニャック　薄板と小さな刃先の製作によって特徴づけられる先史時代の技術。石や動物の骨などを素材として用いる。４万年前から２万年前の後期旧石器時代、地中海地域から出発して、解剖学的観点から見て現生人類と変わらない形態の人びと、すなわちサピエンスとともに、ヨーロッパに広まった。最初期の装身具や造形芸術の類（たぐ）いも、この時代に作られている。

化石　力学的、物理的、化学的要因などにより死後に変質した生物由来物質。結晶化、炭化、ミイラ化などして、さまざまな形態に姿を変えている。

間氷期　ふたつの氷期に挟まれた期間で、地表温度が上昇する。氷河のあるエリアは北極

と南極に向けて後退し、海面水位が上昇する。

旧石器時代　人類が狩猟と採集を通じて食物を調達していた時代。前期、中期、後期旧石器時代に区分される。

ゲノム　ある細胞またはある個体に存在するDNAや、ある種に特有のDNAの総体。

酵素　化学反応を促進する（触媒反応を起こす）タンパク質。

合着（合祖）　現在から過去へ世代をさかのぼっていく過程で、系図の2本の線が共通の祖先のもとで合流する現象。

勾配　地理的な移動にともなって生物学的特徴が徐々に変化すること。勾配があるために、集団間もしくは個体間の生物学的差異は、地理的な距離に比例する傾向にある。

コード　遺伝子、すなわち、タンパク質を合成するための情報を含むDNAの部位。どう定義するかによって、つまり、タンパク質の合成をコントロールする機能を果たすゲノムの部位を考慮に入れるか入れないかで、人間のゲノムに占めるコードDNAの割合は異なる（考慮に入れる場合は25パーセント、入れない場合は1.5パーセントとなる）。

孤立化　ある集団の個体が、他集団の構成員と交配して子をなすことができない状況。

細菌　原核生物に属する単細胞生物。つまり、核膜（ないし核それ自体）をもたない生命体。

細胞　生命体の基礎となる構成要素。脊椎動物の細胞には、DNAが基本数の2倍含まれており（二倍体）、半分を母親から、もう半分を父親から引き継ぐ。例外が生殖細胞（卵子や精子）であり、そこにはDNAが二倍体の半分だけ含まれている（半数体）。

細胞分裂　細胞が増殖するプロセス。分裂に先立ってDNAが複製され、ひとつの母細胞がふたつの娘細胞になる。娘細胞は、変異を考慮しないなら、それぞれ同一の遺伝子を有する。

サラセミア　「地中海貧血症」としても知られる、遺伝性の貧血症。ヘモグロビンの産生にかかわる遺伝子のひとつに変異があることで引き起こされる。

自然選択（自然淘汰（とうた））　生物学的特徴の一部を除去し、より環境に適応している別の特徴を普及させる進化のプロセス。さまざまな個体の生存能力および生殖能力に存する遺伝的な差異、すなわち、後続の世代にたいする貢献の度合いが自然選択のプロセスを左右する。

死亡率　特定の個体が死亡する年齢、もしくは、特定集団のメンバーが死亡する平均年齢によって計測される。繁殖力と合わせて、自然選択の結果を左右する要因のひとつ。

シャテルペロン　片方の縁が曲線状のナイフ型石器に特徴づけられる、先史時代の文化。ムステリアン石器からオーリニャック石器への移行期に当たる。後期旧石器時代の第1段階で、中央ヨーロッパおよびイベリア半島に広がっていたことがわかっている。一般に、ホモ・サピエンスと接する機会のあったネアンデルタール人の文化とされている。

種（しゅ）　分類学におけるカテゴリーのひとつ。「属」の下位に置かれる。解剖学的に類似していて、交配によって生殖能力をもつ子が生まれるような個体の総体。この古典的な定義は、進化学者の考察によって危機にさらされている。進化学者によれば、種とは共通の祖先に端を発して形成された暫定的なまとまりに過ぎない。したがって、ある雄

と雌が、解剖学的に見てたがいに異なり、それぞれ別の名前で呼ばれるに足る段階に達していたとしても、両者の交配により生殖能力のある子が生まれることはありうる。

集団　身体的または社会的な特徴の一部を共有し、構成員同士で繁殖する傾向にある個体の総体。

雌雄二形（しゆうにけい、性的二形）　同一種の雌と雄のあいだで、身体的な特徴が明らかに異なること。

種という生物学的な概念　テオドシウス・ドブジャンスキーおよびエルンスト・マイアーによれば、種とは集団（共通の遺伝子をもつ個体の集まり）の総体であり、生殖の観点からほかの種と区別され、自然界において特定の生態学的地位を占める生物群を指す。

人種　認識可能な遺伝形質の一部が同一種のほかの構成員とは異なっており、地理上の特定区域に生息している個体集団。

新石器時代　農耕と牧畜を通じて、人類が食料を生産できるようになった時代。中東では1万年前から始まり、その後の5000年間でヨーロッパ全土に広まった。

性選択（性淘汰）　なんらかの（身体上の）顕著な特徴を有するパートナーを雌が好んで選びとるメカニズムを通じて、雄の体が大型化したり、色合いが派手になったりする進化のプロセス。

生物多様性　特定の種、コミュニティ、生態系に属する全構成員のあいだに認められる、生物学的差異の総体。

染色体　みずからに絡みつくDNAの長い鎖とタンパク質を主成分とする、細胞の構成要素。人間のゲノムには46本の染色体が含まれており、その内訳は22対の常染色体と2本の性染色体（女性はXX、男性はXY）である。

創始者効果　小規模な創始者グループ（一般的に多様性にとぼしい）が、創始者の遺伝的特徴を保持した集団を形成する人口統計上のプロセス。

属　分類学におけるカテゴリーのひとつ。「種」の上位に置かれる。そう遠くない過去に共通の祖先をもつと考えられるほどに、じゅうぶんに似かよった特徴をもつ複数の種から成る。カール・フォン・リンネが創案した体系では、生物は属と種によって定義される。

代謝　生命体のなかで生起し、体内に存在する化学分子の変質を引き起こす反応の総体。

多源説　複数の霊長類からさまざまな人種が生じたとする考え方（すでに遺伝学によって反証されたが、19世紀には広く支持されていた）。

多地域進化説　ヨーロッパとアジアの現生人類はそれぞれ、ホモ・ネアンデルターレンシスとホモ・エレクトゥスの子孫であり、ゆえに、ホモ・ネアンデルターレンシスとホモ・エレクトゥスはふたつの異なる種ではなく、単一種の構成員であるとする考え方。

炭素14　炭素の放射性同位体。有機物質に残存している炭素14の量を計測することで、その物質が属す年代を測定できる。

タンパク質　アミノ酸が鎖状につながって構成される有機分子。遺伝子の働きによって産生される。

中石器時代　狩猟採集経済から、農耕・牧畜を特徴とする経済への移行期に当たる時代。

適応　特定の環境下において有利に働く生物学的特徴が、自然選択の影響により発達すること。

同位体　同じ元素だが中性子の数が異なる原子。化学元素の種類は原子核に含まれる陽子の数で決まるが（1は水素、2はヘリウム、3はリチウム、4はベリリウム……）、さまざまな同位体によって構成される元素の場合、同じ元素でも中性子の数が異なる。たとえば水素の同位体には、プロチウム（陽子1、中性子0）、デューテリウム（重水素：陽子1、中性子1）、トリチウム（三重水素：陽子1、中性子2）がある。

島嶼矮化（とうしょわいか）　孤立した地域（島）に暮らす生物種が、おそらくは資源の欠乏に適応するために、体のサイズを小型化する傾向のこと。

南方ルート　10万年以上前、ホモ・サピエンスが東アフリカからアラビア半島へ進出し、そこから南アジアおよびオーストラリアへ向かったことが想定されるルート。

二足歩行　四本足ではなく二本の足（後ろ足）で歩行する、ヒト科、ならびにごく少数のほかの動物に見られる移動形態。解剖学的、神経学的な観点から見て、二足歩行への移行はヒト科の動物に根本的な変化をもたらした。

ネアンデルタール人　「ホモ・ネアンデルターレンシス」の項目を参照。

繁殖力　子孫を残す能力。特定の個体、もしくは、特定集団のメンバーが平均して産む子どもの数によって計測される。死亡率と合わせて、自然選択の結果を左右する要因のひとつ。

ヒト科（ホミニド）　現生人類であるホモ・サピエンス、すでに絶滅したサピエンスの先祖たち、それに大型類人猿を含むカテゴリー。

ヒト族（ホミニン）　ホモ・サピエンスと、すでに絶滅したサピエンスの先祖たち（アウストラロピテクス属、パラントロプス属、ヒト属（ホモ属）など）を含む亜科（科の下位区分）。700万年前から500万年前のあいだにチンパンジーと枝分かれした。

氷期　地表の温度が下がる時期。結果として、氷帽（山地や台地の上部をおおうドーム状の氷河）が拡張し、海面水位が下がる。

複製（DNAの）　細胞内で、染色体DNAがきわめて正確にコピーされて分裂するプロセス。細胞分裂に先立って起こる。

分子　独立して存在することができる、化学的化合物または元素の最小単位。化学的な結合力によって原子が結びつくことで構成されている。

変異　DNAの塩基配列が変質すること。生殖細胞（卵子または精子）に変異が起きると、それは遺伝形質となり、次代へと受け継がれる。

変異性　変異する方向へ進もうとする自然の性質。多様性の同義語として使われることが多い。

北方ルート　数万年前（どれだけさかのぼっても10万年前には達しない程度）、ホモ・サピエンスが東アフリカから現在のエジプトやイスラエルに相当する土地に進出し、そこからヨーロッパおよびアジアへ向かったことが想定されるルート。

ホモ・エルガステル　200万年前から100万年前にアフリカで生息していた人類。ホモ・ハイデルベルゲンシスの由来となったグループの近親と見られている。

ホモ・エレクトゥス　170万年前からアジアに生息していた人類（かつてはピテカントロプスという名でも知られていた）。まずは中国、次いでインドネシアで化石が発掘された（北京原人およびジャワ原人）。以前は、アフリカやヨーロッパで発見された化石もこのカテゴリーに含まれていたが、いまではアフリカの化石はホモ・エルガステルに分類されている。

ホモ・ゲオルギクス　200万年近く前に、カフカス山脈の南方に生息していた人類。アフリカ以外の土地で発見された、もっとも古い形態の人類。

ホモ・サピエンス　現生人類。およそ19万年前からアフリカに生息し、1回もしくは複数回の大規模移住を通じて世界中に広まった。遺伝子のデータからは、移住の年代は10万年前から5万年前と推定され、これは古生物学上のデータとも矛盾しない。

ホモ・ネアンデルターレンシス　ネアンデルタール人。30万年前から3万8000年前まで、ヨーロッパおよび東アジアに生息していた人類。

ホモ・ハイデルベルゲンシス　60万年前から10万年前に、アフリカ、ヨーロッパ、東アジアに生息していた人類。ネアンデルタール人、そしておそらく、ホモ・サピエンスの由来となった種であると見られている。

ホモ・ハビリス　200万年以上前にアフリカ東部に生息していた人類。ホモ・エルガステルの由来となったグループの近親と見られている。アフリカを出た最初の人類は、ホモ・ハビリスに近い人びとだったと考えられる。

ミトコンドリア　DNAの一部位のコピーを数多く含む細胞小器官で、母親からのみ子に伝えられる。

ムステリアン　燧石（すいせき）を割ることで道具を製作する先史時代の文化。30万年前から4万年前の中期旧石器時代に、ネアンデルタール人のヨーロッパと中東への進出とともに広まった（ただし、ネアンデルタール人以外の人類がムステリアン石器を使用していた形跡もある）。

霊長類（霊長目）　キツネザル、サル、類人猿などを含む哺乳類の目（もく）。類人猿は、オランウータン、ゴリラ、チンパンジー、ボノボ、人類から構成されるヒト科に含まれる。

レフュジア　氷期のあいだも気候が穏やかなままのエリア。動植物の生存を助ける。

DNA　デオキシリボ核酸。細胞のなかに存在する分子で、二重螺旋（らせん）構造をもつ。DNAには遺伝子の情報が含まれている。

HLA遺伝子　HLAはHuman Leucocyte Antigens（ヒト白血球抗原）の略。細胞の表面に配置されるタンパク質を合成する役割を負っている六つの遺伝子の総体。器官を移植した際に拒絶反応が起きるかどうかは、ドナーと患者のHLAがどの程度まで類似しているかに左右される。

Y染色体　哺乳類において雄だけがもつ染色体。父から子（♂）に伝わる。

もっと知りたい人のために

（邦訳のあるものについては書誌情報を示しましたが、本文中での引用文は独自訳です）

第 1 章　二本の足で

Johanson D.C., Taieb M. (1976): *Plio–Pleistocene hominid discoveries in Hadar*, Ethiopia, «Nature», 260: 293–297.

Kappelman J., Ketcham R.A., Pearce S., Todd L., Akins W., Colbert M.W., Feseha M., Maisano J.A., Witzel A. (2016): *Perimortem fractures in Lucy suggest mortality from fall out of tall tree*, «Nature», 537: 503–507.

Leakey M.D., Hay R.L. (1979): *Pliocene footprints in the Laetolil beds at Laetoli, northern Tanzania*, «Nature», 278: 317–323.

Manzi G. (2021): *L'ultimo Neanderthal racconta. Storie prima della storia*, il Mulino, Bologna.

Masao F.T., Ichumbaki E.B., Cherin M., Barili A., Boschian G., Iurino D.A., Menconero S., Moggi-Cecchi J., Manzi G. (2015): *New footprints from Laetoli (Tanzania) provide evidence for marked body size variation in early hominins*, «eLife», 5: e19568.

Wong K. (2014): *40 Years after Lucy: the fossil that revolutionized the search for human origins*, «Scientific American».

ドナルド・ジョハンソンへのインタビュー記事は、以下のサイトから読むことができる。https://blogs.scientificamerican.com/observations/40-years-after-lucy-the-fossil-that-revolutionized-the-search-for-human-origins/

第 2 章　二本の手で

Voltaire, *Candido* (1982): Rizzoli, Milano.［ヴォルテール『カンディード』斉藤悦則訳、光文社古典新訳文庫、2015年］

Darwin C. (2011): *L'origine dell'uomo e la selezione sessuale*, Newton Compton Editori, Milano.［チャールズ・ダーウィン『人間の由来（上・下）』長谷川眞理子訳、講談社学術文庫、2016年］

以下の CARTA のサイトは、私たちはどのようにして「人間」になったのかという点について、興味深い素材をふんだんに提供している。https://carta.anthropogeny.org/　CARTA のサイトを参照し、どれだけの問題がいまなお未解決か、学術研究とはどのように進展するのか、私たちの知識を発展させることはどれほど複雑な作業なのかを理解することは、次のような動画（https://www.youtube.com/watch?v=nzj7Wg4DAbs&t=183s　再生回数は430万回以上）にたいする有効な解毒剤となる。この動画でユヴァル・ノア・ハラリは、確実なデータとあまり確実でないデータ、憶測と陳腐な見解を、この人におなじみの手際、おなじみの傾向でもってまぜこぜにすることで、私たち人類は、複雑な事業のために他者と協働することができる唯一の種であるという、大胆な主張を展開している。

Almécija S., Smaers J., Jungers W. (2015): *The evolution of human and ape hand proportions*, «Nature Communications», 6: 7717.

Brown F., Harris J., Leakey R., Walker A. (1985): *Early* Homo erectus *skeleton from west Lake Turkana, Kenya*, «Nature», 316: 788–792.

MacLarnon A.M., Hewitt G.P. (1999): *The evolution of human speech: the role of enhanced breathing control*, «American Journal of Physical Anthropology», 109: 41–363.

Schiess R., Haeusler M. (2013): *No skeletal dysplasia in the Nariokotome boy KNM-WT 15000* (Homo erectus) *– A reassessment of congenital pathologies of the vertebral column*, «American Journal of Physical Anthropology», 150:

365–374.
Varki A., Altheide T.K. (2005): *Comparing the human and chimpanzee genomes: Searching for needles in a haystack*, «Genome Research», 15: 1746–1758.

第 3 章　カフカスの山中で

すべての読者に勧めるわけではないが、遺伝的浮動や特定集団の遺伝子の特徴については、以下の文献がシンプルな解説を提供している。John Relethford, *Human Population Genetics*, Hoboken: John Wiley & Sons, 2012.

1957年 9 月19日、ロンドンで開かれた実験生物学協会のシンポジウムで、フランシス・クリック（ジェームズ・ワトソンおよびロザリンド・フランクリンとともにDNAの二重螺旋（らせん）構造を発見した研究者）はこう言明した。「いったん情報がタンパク質のなかに入ったら、二度と外には出てこられない」。細胞は、DNAの塩基配列によって表される情報を、タンパク質の構成要素となるアミノ酸配列に翻訳する。このプロセスが逆行すること、つまり、タンパク質のレベルでの変化がDNAに反映されることはけっしてない。DNAの塩基配列の翻訳（DNAによるタンパク質の産生）には、RNAという仲介役が必要になる。クリックが冗談めかして「生物学のセントラルドグマ」と表現したこの考え方（もちろん、科学はドグマとは無縁である）は、一般に次のような定型句に要約される。「DNAがRNAを作り、RNAがタンパク質を作るのであって、その逆ではない」

Lordkipanidze D. et al. (2007): *Postcranial evidence from early* Homo *from Dmanisi, Georgia*, «Nature», 449: 305–310.
Lordkipanidze D., Ponce de León M.S., Margvelashvili A., Rak Y., Rightmire G.P., Vekua A., Zollikofer C.P.E. (2013): *A complete skull from Dmanisi, Georgia, and the evolutionary biology of early* Homo, «Science», 342: 326–331.
Schwartz J.H., Tattersall I., Chi Z. (2014): *Comment on "A Complete Skull from Dmanisi, Georgia, and the Evolutionary Biology of Early* Homo*"*, «Science», 344: 360.

第 4 章　アジアの南で、火が

Thomas Mann (1955): *Carlotta a Weimar. Confessioni del cavaliere d'industria Felix Krull*, a cura di Lavinia Mazzucchetti, Mondadori, Milano.［マン『詐欺師フェーリクス・クルルの告白（上・下）』岸美光訳、光文社古典新訳文庫、2011年］

人類の古生物学にかんしてきわめて多くを教えてくれたイアン・タッターソル（Ian Tattersall）に感謝する。彼が情熱をそそぐもうひとつの対象、ワインのボトルを前にしながら、私たちはこのテーマについて長いお喋（しゃべ）りを交わした。彼は発酵飲料の権威であり、以下の著作を手がけている（いずれも Rob DeSalle との共著、Yale University Press 刊）。*A natural history of wine* (2014), *A natural history of beer* (2019).［ロブ・デサール＋イアン・タッターソル『ビールの自然誌』ニキリンコ・三中信宏訳、勁草書房、2020年］

フィルヒョーの言葉は以下の書籍から引用した。Ronald L. Numbers: *Antievolutionism before World War I: Volume 1*, Garland Reference Library of the Humanities, Taylor & Francis, Milton Park, 1995.

Gowlett J.A.J. (2016): *The discovery of fire by humans: a long and convoluted process*, «Philosophical Transactions of the Royal Society B», 371.
Mayr E. (1950): *Taxonomic categories in fossil hominids*, «Cold Spring Harbor Symposia in Quantitative Biology», 15: 109–118.
Richards R.J. (2018): *Ernst Haeckel: A dream transformed*, in *Dreamers, visionaries, and revolutionaries in the life*

sciences, a cura di Harman O. e Dietrich M., The University of Chicago Press, Chicago-London: 35–50.

Sandgathe D. (2017): *Identifying and describing pattern and process in the evolution of hominin use of fire*, «Current Anthropology», 58: S360–S370.

Tattersall I. (2012): *Paleoanthropology and evolutionary theory*, «History and Philosophy of Life Sciences», 34: 259–282.

Wrangham R. (2014): *L'intelligenza del fuoco. L'invenzione della cottura e l'evoluzione dell'uomo*, Bollati Boringhieri, Torino. ［リチャード・ランガム『火の賜物：ヒトは料理で進化した（新装版）』依田卓巳訳、NTT出版、2023年］

Zaim Y. et al. (2011): *New 1.5 million-year-old* Homo erectus *maxilla from Sangiran (Central Java, Indonesia)*, «Journal of Human Evolution», 61: 363–376.

第５章　系図のジャングル

私は中学３年のとき、奇妙な婚姻の組み合わせにより、語り手が自分自身の祖父になるという、マーク・トウェインの掌篇を読んだ（以下のサイトで読むことができる。http://www.natemaas.com/2010/11/more-musical-genealogy.html）。この作品のタイトルは「系図のジャングル」だったと私は確信していて、本章のタイトルもそこに由来している。だが、インターネットで検索しても、このタイトルは見つけられなかった（かわりに見つかったのは、トウェインが着想のきっかけとした実話と、そこから派生した歌謡曲だった。もしお聴きになりたいなら、検索ボックスに「My own grandpa」と打ち込むだけでいい）。そんなわけで、この表現は自分が創作したのではないかという疑念が生じた。そこからさらに、自分が確信しているそのほかのことも、無自覚のうちに自分が創作したのではないかという（より深刻な）疑念が生じた。

分子時計にかんする説明が簡略に過ぎたことは自覚している。Wikipedia にも「分子時計」の項目はあるが（日本語版の URL はこちら。https://ja.wikipedia.org/wiki/%E5%88%86%E5%AD%90%E6%99%82%E8%A8%88）、イタリア語を解するのであれば「RaiScuola」のサイトを参照するのも良いと思う（https://www.raiscuola.rai.it/scienze/articoli/2021/02/Omar-Rota-Stabelli-Lorologio-molecolare-d692706a-e336-4202-b5c0-40f94145a872.html）。

最初のヨーロッパ人についての歴史を知りたいのであれば、いつもどおりの親しみやすくいきいきとしたスタイルで読者を引きつける Giorgio Manzi の著書を薦めたい。*Ultime notizie sull'evoluzione umana*, Mulino, Bologna, 2017.

Ashton N. et al. (2014): *Hominin footprints from Early Pleistocene deposits at Happisburgh, UK*, «PLoS ONE», 9: e88329.

Czarnetzki A., Schwadere E., Pusch C.M. (2003): *Fossil record of meningioma*, «Lancet», 362: 408.

Lozano M., Mosquera M., Bermudez De Castro J.M., Arsuaga J.L., Carbonell E. (2009): *Right handedness of* Homo heidelbergensis *from Sima de los Huesos*, «Evolution and Human Behavior», 30: 369–376.

Manzi G., Mallegni F., Ascenzi A. (2001): *A cranium for the earliest Europeans: Phylogenetic position of the hominid from Ceprano, Italy*, «Proceedings of the National Academy of Sciences usa», 98: 10011–10016.

Meyer M. et al. (2016): *Nuclear DNA sequences from the Middle Pleistocene Sima de los Huesos hominins*, «Nature», 531: 504–507.

Reich D. et al. (2010): *Genetic history of an archaic hominin group from Denisova Cave in Siberia*, «Nature», 468: 1053–1060.

Sala N., Arsuaga J.L., Pantoja Pérez A., Pablos A., Martínez I., Quam R.M., Gómez-Olivencia A., Bermudez De Castro J.M., Carbonell E. (2016): *Lethal interpersonal violence in the Middle Pleistocene*, «PLoS ONE», 10:

e0126589.
Stringer C. (2012): *The status of* Homo heidelbergensis *(Schoetensack 1908)*, «Evolutionary Anthropology», 21: 101–107.
Thieme H. (1997): *Lower Palaeolithic hunting spears from Germany*, «Nature», 385: 807–810.

第 6 章　古代の一類型

卓越した知性の持ち主でもあった画家フランチシェク・クプカがネアンデルタール人の姿をどのように思い描いていたか知りたい方は、Google の検索ボックスに「Kupka Neandertal」と打ち込んで画像検索してみてほしい。以下の URL からは、映画『ネアンデルタールマン』のポスターが見られる。
https://en.wikipedia.org/wiki/The_Neanderthal_Man

Berger T.D., Trinkaus E. (1995): *Patterns of trauma among the Neanderthals*, «Journal of Archaeological Science», 22: 841–852.
Churchill S.E., Franciscus R.G., McKean-Peraza H.A., Daniel J.A., Warren B.R. (2009): *Shanidar 3 Neanderthal rib puncture wound and paleolithic weaponry*, «Journal of Human Evolution», 57: 163–178.
Duveau J., Berillon G., Verna C., Laisné G., Cliquet D. (2019): *The composition of a Neanderthal social group revealed by the hominin footprints at Le Rozel (Normandy, France)*, «Proceedings of the National Academy of Sciences usa», 116: 19409–19414.
Hublin J.J. (2009): *The prehistory of compassion*, «Proceedings of the National Academy of Sciences usa», 106: 6429–6530.
Lalueza-Fox C. et al. (2007): *A melanocortin 1 receptor allele suggests varying pigmentation among Neanderthals*, «Science», 318: 1453–1455.
Pinson A. et al. (2022): *Human TKTL1 implies greater neurogenesis in frontal neocortex of modern humans than Neanderthals*, «Science», 377: eabl6422.
Rougier H. et al. (2016): *Neanderthal cannibalism and Neanderthal bones used as tools in Northern Europe*, «Scientific Reports», 6: 29005.
Schmitt D., Churchill S.E., Hylander W.L. (2003): *Experimental evidence concerning spear use in Neanderthals and early modern humans*, «Journal of Archaeological Science», 30: 103–114.
Trinkaus E., Villotte S. (2017): *External auditory exostoses and hearing loss in the Shanidar 1 Neanderthal*, «PLoS ONE», 12: e0186684.
Zollikofer C.P.E., Ponce de Leòn M.S., Vandermeersch B., Léveque F. (2002): *Evidence for interpersonal violence in the St. Césaire Neanderthal*, «Proceedings of the National Academy of Sciences usa», 99: 6444–6448.

第 7 章　鍾乳石のなかの男

ネアンデルタール人の生活様式と文化については、Silvana Condemi と François Savatier の以下の共著が多くを教えてくれる。*Mio caro Neandertal*, Bollati Boringhieri, Torino, 2018.

Eriksson A., Manica A. (2014): *Effect of ancient population structure on the degree of polymorphism shared between modern human populations and ancient hominins*, «Proceedings of the National Academy of Sciences usa», 109: 13956–13960.
Green R.E. et al. (2010): *A draft sequence of the Neanderthal genome*, «Science», 328: 710–722.
Greenbaum G. et al. (2019): *Disease transmission and introgression can explain the long-lasting contact zone of modern humans and Neanderthals*, «Nature Communications», 10: 5003.
Hajdinjak M. et al. (2018): *Reconstructing the genetic history of late Neanderthals*, «Nature», 555: 652–656.

Lari M. et al. (2015): *The Neanderthal in the karst: first dating, morphometric and paleogenetic data on the fossil skeleton from Altamura (Italy)*, «Journal of Human Evolution», 82: 88–94.

Pääbo S. (2014): *The human condition-a molecular approach*, «Cell», 157: 216–226.

Prüfer K. et al. (2014): *The complete genome sequence of a Neanderthal from the Altai Mountains*, «Nature», 505: 43–49.

Slimak L. et al. (2022): *Modern human incursion into Neanderthal territories 54,000 years ago at Mandrin, France*, «Science Advances», 8: eabj9496.

Sorensen M.V., Leonard W.R. (2001): *Neanderthal energetics and foraging efficiency*, «Journal of Human Evolution», 40: 483–495.

第８章　すべての祖母の祖母

ローマのエスポジツィオーニ宮で開催されたDNAの展覧会（Bernardino Fantini, Telmo Pievani, Sergio Pimpinelli, Fabrizio Rufo 監修）のURLは以下。https://www.palazzoesposizioni.it/mostra/dna-il-grande-libro-della-vita-da-mendel-alla-genomica

Armitage S.J., Jasim S.A., Marks A.E., Parker A.G., Usik V.I., Uerpmann H.P. (2011): *The southern route "out of Africa": evidence for an early expansion of modern humans into Arabia*, «Science», 331: 453–456.

Cann R.L., Stoneking M., Wilson A.C. (1987): *Mitochondrial DNA and human evolution*, «Nature», 325: 31–36.

Karmin M. et al. (2015): *A recent bottleneck of Y chromosome diversity coincides with a global change in culture*, «Genome Research», 25: 459–466.

Tucci S., Akey J.M. (2016): *A map of human wanderlust*, «Nature», 538: 179–180.

第９章　混血

サピエンスの「出アフリカ」がもたらした遺伝子上の帰結については、以下に挙げるふたつの論考を参照のこと。Ramachandran S., Deshpande O., Roseman C.C., Rosenberg N.A., Feldman M.W., Cavalli-Sforza L.L. (2005): *Support from the relationship of genetic and geographic distance in human populations for a serial founder effect originating in Africa*, «Proceedings of the National Academy of Sciences usa», 102: 15942–15947, Liu H., Prugnolle F., Manica A., Balloux F. (2006): *A geographically explicit genetic model of worldwide human-settlement history*, «American Journal of Human Genetics», 79: 230–237.

現代の人口規模にかんするデータは、Worldometer というサイトを参照している。https://www.worldometers.info/population/.

Bocquet-Appel J.-P., Demars P.-Y., Noiret L., Dobrowsky D. (2005): *Estimates of Upper Palaeolithic meta-population size in Europe from archaeological data*, «Journal of Archaeological Sciences», 11: 1656–1668.

Dolgova O., Lao O. (2018): *Evolutionary and medical consequences of archaic introgression into modern human genomes*, «Genes», 9: 358.

Fu Q. et al. (2015): *An early modern human from Romania with a recent Neanderthal ancestor*, «Nature», 524: 216–219.

Hajdinjak M. et al. (2021): *Initial Upper Palaeolithic humans in Europe had recent Neanderthal ancestry*, «Nature», 592: 253–259.

Huerta-Sánchez E. et al. (2014): *Altitude adaptation in Tibetans caused by introgression of Denisovan-like DNA*, «Nature», 512: 194–197.

Mellars P., French J.C. (2011): *Tenfold population increase in Western Europe at the Neanderthal-to-modern human transition*, «Science», 333: 623–627.

Zeberg H., Pääbo S. (2021): *The major genetic risk factor for severe COVID–19 is inherited from Neanderthals*, «Proceedings of the National Academy of Sciences usa», 118: e2026309118.
サピエンスとネアンデルタール人の交雑がいつごろ起きたのかという点については、以下の論文を参照。S. Sankararaman et al. (2012): *The date of interbreeding between Neanderthals and modern humans*, «PLoS Genetics», 8: e1002947. ただし、この年代推定に納得していない人類学者もいる。以下を参照。Wang C.C., Farina S.E., Li H. (2013): *Neanderthal DNA and modern human origins*, «Quaternary International», 295: 126–129.

第10章　小さな、小さな

ショーヴェ洞窟の一連の絵画について紹介しているサイトは数多く存在する。たとえば以下。https://www.bradshawfoundation.com/chauvet/
ヘンリー・ジーの言葉は以下の書籍から引用した。*Brevissima storia della vita sulla terra*, Einaudi, Torino, 2022. [『超圧縮 地球生物全史』竹内薫訳、ダイヤモンド社、2022年]
Brown P. et al. (2004): *A new small-bodied hominin from the Late Pleistocene of Flores, Indonesia*, «Nature», 431: 1055–1061.
Brumm A. et al. (2016): *Age and context of the oldest known hominin fossils from Flores*, «Nature», 534: 249–253.
Dembo M., Matzke N.J., Mooers A.Ø., Collard M. (2015): *Bayesian analysis of a morphological supermatrix sheds light on controversial fossil hominin relationships*, «Proceedings of the Royal Society B», 282: 20150943.
Détroit F. et al. (2019): *A new species of Homo from the Late Pleistocene of the Philippines*, «Nature», 568: 181–186.
Falk D. et al. (2007): *Brain shape in human microcephalics and Homo floresiensis*, «Proceedings of the National Academy of Sciences usa», 104: 2513–2518.
Tucci S. et al. (2018): *Evolutionary history and adaptation of a human pygmy population of Flores Island, Indonesia*, «Science», 361: 511–516.

第11章　芸術、親知らず

レーモン・クノーの『青い花』は1965年にガリマール社からフランス語版が、エイナウディ社（トリノ）からイタロ・カルヴィーノによるイタリア語訳が刊行された。[『青い花』新島進訳、水声社、2012年]
Anonimo (2006): *Oldest recorded case of impacted wisdom teeth*, «British Dental Journal», 200: 311.
Fu Q. et al. (2016): *The genetic history of Ice Age Europe*, «Nature», 534: 200–205.
Hauser A. (1956): *Storia sociale dell'arte. Vol. 1: Preistoria. Antichità. Medioevo*, Einaudi, Torino. [アーノルド・ハウザー『芸術の歴史：美術と文学の社会史　第１巻　原始からルネサンスまで』高橋義孝訳、平凡社、1977年]

第12章　アメリカ大陸

Wikipedia の「アメリカ先住民諸語（Indigenous languages of the Americas)」の項目（https://en.wikipedia.org/wiki/Indigenous_languages_of_the_Americas）を見るだけでも、アメリカの言語を分類するのがどれほどの難事業かよくわかる。
Bellwood P. (2017): *First islanders: Prehistory and Human Migration in Island Southeast Asia*, John Wiley & Sons, New York.
Kirin M. et al. (2010): *Genomic runs of homozygosity record population history and consanguinity*, «PLoS ONE», 5:

e13996.
Lahr M.M., Foley R.A. (1994): *Multiple dispersals and modern human origins*, «Evolutionary Anthropology», 3: 48–60.
Liu W. et al. (2015): *The earliest unequivocally modern humans in southern China*, «Nature», 526: 696–699.
Malaspinas A.S. et al. (2016): *A genomic history of Aboriginal Australia*, «Nature», 538: 207–214.
Mallick S. et al. (2016): *The Simons Genome Diversity Project: 300 genomes from 142 diverse populations*, «Nature», 538: 201–206.
Moreno-Mayar J.V. et al. (2018): *Early human dispersals within the Americas*, «Science», 362: eaav2621.
Pagani L. et al. (2016): *Genomic analyses inform on migration events during the peopling of Eurasia*, «Nature», 538: 238–242.
Posth C. et al. (2018): *Reconstructing the deep population history of Central and South America*, «Cell», 175: 1185–1197.
Raghavan M. et al. (2014): *Upper Palaeolithic siberian genome reveals dual ancestry of native Americans*, «Nature», 505: 87–91.
Reyes-Centeno H., Ghirotto S., Détroit F., Grimaud-Hervé G., Barbujani G., Harvati K. (2014): *Genomic and cranial phenotype data support multiple modern human dispersals from Africa and a southern route into Asia*, «Proceedings of the National Academy of Sciences usa», 111: 7248–7253.
Tassi F., Ghirotto S., Mezzavilla M., Vilaça S.T., De Santi L., Barbujani G. (2015): *Early modern human dispersal from Africa: Genomic evidence for multiple waves of migration*, «Investigative Genetics», 6: 13.

第13章　肌の黒いヨーロッパ人

YouTube にアップされている I Gufi〔訳注：1960年代に活動したイタリアの音楽グループ〕の動画では、打ち負かした敵の頭蓋骨を杯や水差しに変えるといういかがわしい習慣が、このグループに特有のセンスでもって再現されている。https://www.youtube.com/watch?v=eGq6AgzSFbE
アーサー・コナン・ドイル『失われた世界』伏見威蕃訳、光文社古典新訳文庫、2016年。
「ピルトダウン原人」について書かれた文章は数多く存在するが、私がいちばん好きなのは以下の書籍である。Stephen Jay Gould (1980): *The Panda's Thumb*, W.W. Norton and Co., New York, pp. 108–124.［スティーヴン・ジェイ・グールド『パンダの親指：進化論再考（上・下）』櫻町翠軒訳、ハヤカワ文庫 NF、1996年］。また、英語版 Wikipedia の「Piltdown Man」の項目も充実している。https://en.wikipedia.org/wiki/Piltdown_Man
Bello S.M., Parfitt S.A., Stringer C.B., Petraglia M. (2011): *Earliest directly-dated human skull-cups*, «PLoS ONE», 6: e17026.
Brace S. et al. (2019): *Ancient genomes indicate population replacement in Early Neolithic Britain*, «Nature Ecology & Evolution», 3: 765–771.
Jablonski N. (2021): *The evolution of human skin pigmentation involved the interactions of genetic, environmental, and cultural variables*, «Pigment Cell & Melanoma Research», 34: 707–729.
Walsh S. et al. (2017): *Global skin colour prediction from DNA*, «Human Genetics», 136: 847–863.

第14章　パン、ワイン、乳

「パン、ヴィン（ワイン）、ラッテ（乳）、カッテ・カッテ・カッテ」とは、北伊のヴェネトやトレンティーノのあたりで、これから子どもをくすぐろうとするときに大人が口にする決まり文句である。

「キリマンジャロの雪」、『ヘミングウェイ短編集（下）』谷口陸男編訳、岩波文庫、1972年。

第 4 章で言及した、Ian Tattersall と Rob DeSalle の書籍には、有益な情報が多く含まれている。*A natural history of wine*, Yale University Press, New Haven-London, 2014.

エッツィの殺害経緯の、いくぶん想像力に富んだ再構築は、ラーチェス（ボルツァーノ）のサイトで読むことができる。https://www.comune.laces.bz.it/it/L_Omicidio_di_Oetzi_The_murder_of_Oetzi.

Barbujani G. (2021): *Neolithic demic diffusion*, «Human Population Genetics and Genomics», 1: 005.

Bouckaert R. et al. (2012): *Mapping the origins and expansion of the Indo-European language family*, «Science», 337: 957–960.

Gostner P. et al. (2011): *New radiological insights into the life and death of the Tyrolean Iceman*, «Journal of Archaeological Sciences», 38: 3425–3431.

Gray R.D., Atkinson Q.D. (2003): *Language-tree divergence times support the Anatolian theory of Indo-European origin*, «Nature», 426: 435–439.

Keller A. et al. (2012): *New insights into the Tyrolean Iceman's origin and phenotype as inferred by whole-genome sequencing*, «Nature Communications», 3: 698.

Lazaridis I. et al. (2014): *Ancient human genomes suggest three ancestral populations for present-day Europeans*, «Nature», 513: 409–413.

Legras J.L., Merdinoglou D., Cornuet J.M., Karst F. (2007): *Bread, beer and wine: Saccharomyces cerevisiae diversity reflects human history*, «Molecular Ecology», 16: 2091–2102.

Maixner F. et al. (2018): *The Iceman's last meal consisted of fat, wild meat, and cereals*, «Current Biology», 28: 2348–2355.

Menozzi P., Piazza A., Cavalli-Sforza L.L. (1978): *Synthetic maps of human gene frequencies in Europeans*, «Science», 201: 786–792.

Müller W., Fricke H., Halliday A.N., McCulloch M.T., Wartho J.A. (2003): *Origin and migration of the Alpine Iceman*, «Science», 302: 862–866.

Oeggl K. et al. (2007): *The reconstruction of the last itinerary of Ötzi the Neolithic Iceman, by pollen analyses from sequentially sampled gut extracts*, «Quaternary Sciences Review», 26: 853–861.

Zink A.R., Meixner F. (2019): *The current situation of the Tyrolean Iceman*, «Gerontology», 65: 699–706.

第15章　記述し、分類し、理解する

ケンブリッジ大学の「ダーウィン書簡プロジェクト（Darwin Correspondence Project）」のサイトでは、チャールズ・ダーウィンが書いた（もしくは彼宛ての）手紙 1 万2000通を閲覧できる。https://www.darwinproject.ac.uk/

ダーウィンのおもな著作の翻訳は以下のとおり。

- ダーウィン『種の起源（上・下）』渡辺政隆訳、光文社古典新訳文庫、2009年。
- チャールズ・R. ダーウィン『新訳 ビーグル号航海記（上・下）』荒俣宏訳、平凡社、2013年。
- チャールズ・ダーウィン『ダーウィン自伝』八杉龍一、江上生子訳、ちくま学芸文庫、2000年。
- チャールズ・ダーウィン『人間の由来（上・下）』長谷川眞理子訳、講談社学術文庫、2016年。

本章で紹介したエピソードの多くは、以下の書籍に由来する。John Bowlby, *Charles Darwin. A New Life*, Norton & Company, New York, 1990.

「人種」という概念をめぐるより詳細な議論については以下のふたつの資料を参照。

- G. Barbujani, *L'invenzione delle razze*, Bompiani, Milano, 2018.
- A. Rutherford, *Breve storia di chiunque sia mai vissuto*, Bollati Boringhieri, Torino, 2017.［アダム・ラザフォード『ゲノムが語る人類全史』垂水雄二訳、篠田謙一解説、文藝春秋、2017年］

アメリカ合衆国の国勢調査における人種カタログの変遷については、以下を参照。https://en.wikipedia.org/wiki/United_States_census.
Ahn S.M. et al. (2009): *The first Korean genome sequence and analysis: Full genome sequencing for a socio-ethnic group*, «Genome Research», 19: 1622–1629.
Barbujani G., Pigliucci M. (2013): *Human races*, «Current Biology», 23: R185–R187.
Barloon T.J., Noyes R. (1997): *Charles Darwin and panic disorder*, «Journal of the American Medical Association», 277: 138–141.
Lewontin R.C. (1972): *The apportionment of human diversity*, «Evolutionary Biology», 6: 381–398.
Livingstone F. (1962): *On the nonexistence of human races*, «Current Anthropology», 3: 279–281.
Salomone F., Di Vincenzo F. (2021): *Conversazioni sull'origine dell'uomo 150 annidopo Darwin*, Espera.
Tattersall I. (2009): *Charles Darwin and human evolution*, «Evolution Education and Outreach», 2: 28–34.

結び

「A＆W」のサードパウンドをめぐる顚末（てんまつ）については以下を参照。https://www.mentalfloss.com/article/76144/why-no-one-wanted-aws-third-pound-burger
マイケル・マナフィーとジャクソン・スレイドのエピソードについては以下を参照。https://www.bbc.com/news/world-us-canada-40254858